学术研究专著

不确定条件下多智能体系统的分布式滤波算法研究

林浩申　孙向东
杨晓君　王　靖　著

西北工業大學出版社

西　安

【内容简介】 多智能体系统(MAS)在实际应用的过程中，复杂的应用环境所带来的各种不确定性因素，如噪声不确定、先验知识不确定、通信拓扑变化等，使得 MAS 分布式估计问题难度更加凸显。本书围绕不确定条件下多智能体系统的分布式滤波算法开展深入研究，为 MAS 分布式估计算法逐步从理论走向应用奠定坚实的技术基础。

本书可以作为高等学校电子信息类、自动化类、计算机类各专业高年级本科生和硕士、博士研究生数字信号处理或者卡尔曼滤波原理相关课程的教材，也可以作为从事雷达、导航及控制、信号处理、目标跟踪、机器人运动规划及控制自动化等数字信号处理相关研究的教师和科研人员的参考书。

图书在版编目(CIP)数据

不确定条件下多智能体系统的分布式滤波算法研究 / 林浩申等著. -- 西安：西北工业大学出版社，2024. 7.

ISBN 978-7-5612-9500-7

Ⅰ. TP301.6;TN713

中国国家版本馆 CIP 数据核字第 2024EY5489 号

BUQUEDING TIAOJIAN XIA DUOZHINENGTI XITONG DE FENBUSHI LÜBO SUANFA YANJIU

不确定条件下多智能体系统的分布式滤波算法研究

林浩申 孙向东 杨晓君 王靖 著

责任编辑： 高茸茸　　**策划编辑：** 杨　军

责任校对： 董珊珊　　**装帧设计：** 高永斌　李　飞

出版发行： 西北工业大学出版社

通信地址： 西安市友谊西路 127 号　　邮编：710072

电　　话： (029)88491757，88493844

网　　址： www.nwpup.com

印 刷 者： 兴平市博闻印务有限公司

开　　本： 720 mm×1 020 mm　　1/16

印　　张： 9.5　　彩插：5

字　　数： 176 千字

版　　次： 2024 年 7 月第 1 版　　2024 年 7 月第 1 次印刷

书　　号： ISBN 978-7-5612-9500-7

定　　价： 69.00 元

前　言

近年来，多智能体系统(Multi-Agent System，MAS)凭借其在自主性、容错性、可扩展性以及鲁棒性等方面的优势，逐渐被应用于国防安全、农业监视、工业控制以及交通监管等诸多领域。相应地，MAS的分析、优化、控制、估计等技术的相关研究也成了前沿热点问题，其中分布式估计技术作为MAS的核心技术，颇受关注。在实际应用的过程中，复杂的应用环境所带来的各种不确定性因素，如噪声不确定、先验知识不确定、通信拓扑变化等，使得MAS分布式估计问题难度更加凸显，因此众多学者围绕各种不确定条件下MAS的分布式滤波算法开展了相关研究并取得了丰硕成果。然而，对于不确定条件下MAS的分布式滤波算法研究涉及概率论、模糊理论、图论、最优化理论等知识，市面上一直缺乏通俗易懂、内容丰富、实例充足的相关书籍，因此，笔者梳理自身近年来的研究成果，遵循由浅入深、由确定向不确定的叙述思路撰写本书，便于感兴趣的读者理解学习。

本书以MAS为研究对象，主要围绕不确定条件下的分布式滤波算法开展研究，重点解决实际系统中广泛存在的非线性、噪声统计参数未知、噪声模糊、通信拓扑切换等问题，主要研究内容包括：①针对系统的非线性，研究基于概率密度一致性的分布式极大后验估计算法；②针对噪声统计特性不确定的情形，研究基于变分贝叶斯(Variational Bayesian，VB)方法的噪声协方差自适应分布式贝叶斯滤波器；③针对噪声的模糊不确定性，研究一种基于可能性理论的分布式模糊滤波器；④针对拓扑结构的不确定性，研究切换拓扑条件下的分布式模糊滤波算法。全书共6章，具体分工如下：第1章由林浩申、杨晓君撰写，第2章由林浩申撰写，第3章由孙向东撰写，第4章由杨晓君撰写，第5章由王靖撰写，第6章由孙向东、王靖撰写。

在撰写本书的过程中参阅了大量文献资料，在此向其作者表示衷心的感谢。

由于笔者水平有限，书中不足之处在所难免，恳请读者批评指正。

著　者

2024年4月

目　录

第1章 绪　论

1.1 研究背景与意义

在自然界中，为了弥补个体的弱势，很多物种都发展出了群居的生存方式。通过大量个体之间的有序协作，群体在捕猎觅食、长途迁徙和警戒防卫等方面都展现出了远超个体的优势，比如海洋里为了提高生存率而大量聚集的“鱼群风暴”，草原上为了捕猎而分工明确的狼群，天空中为了觅食和繁衍而飞越万里的鸟群等(见图 1.1)。

图 1.1 自然界中的群体行为

(a)庞大密集的“鱼群风暴”；(b)群体捕猎的狼群；(c)群体觅食的椋鸟；(d)集体迁徙的大雁

这些动物群体行为所展示出的自组织、协作和智能等特点，引发了学者的研究兴趣。受此启发，计算机学家明斯基（Minsky）提出了智能体（Agent）的概念，进一步引入社会行为，将这些智能体进行有机组合便构成了多智能体系统（MAS）[1]。MAS由大量微型的、低功耗的、低成本的、多功能的智能体组成，各个智能体之间通过通信形成一种特殊的自组织网络。网络内智能体与智能体之间相互传递信息且相互依赖，以实现某种特定的群体功能[2]。一般而言，这种自组织网络系统可用图论知识进行描述，其中图的顶点构成节点集，顶点之间的信息传递关系构成边集[3]。（为沿用各个学科和应用领域中的习惯用语，本书将不加区分地使用"个体"、"节点"、"传感器"和"智能体"。）网络结构的节点集与边集的动态演化特性使得MAS可通过各个智能体之间的协作完成单个智能体难以完成的复杂任务。

MAS凭借其在自主性、容错性、可扩展性以及鲁棒性等方面的优势，被广泛应用于国防安全、农业监视、工业控制以及交通监管等诸多领域（见图1.2）。近年来，MAS的分析、优化、控制、估计等技术的相关研究已经成了前沿热点问题，特别是随着战争向着体系化、智能化的转变，中美等军事强国越来越重视对MAS的研究和应用，"智能感知"作为作战闭环中的首要环节，不可或缺，而多智能体系统估计技术则是完成协同侦察、协同定位、协同感知等"感知"任务的核心技术。

(a)

(b)

图1.2 MAS的广泛应用

(a)美国的蜂群无人机；(b)智能交通系统

依据网络结构的不同，MAS估计技术可以分为如图1.3所示的集中式估计（Centralized Estimation）、分散式估计（Decentralized Estimation）以及分布式估计（Distributed Estimation）三类。集中式估计中，仅中心节点具有计算能力，该中心节点需要收集所有节点的信息，并统一处理后再将处理结果分发到所有节点。不难发现，集中式估计技术因为中心节点的统一调度具有较好的协调性，但也正是因为对中心节点的高度依赖，使得整体的实时性、动态性以及对环境的适应性较差，尤其是在网络内节点数量巨大时，集中式估计需要极大的通信带宽，并给中心节点带来了难以承载的计算负荷。分散式估计技术在一定程度上降低了系统对中心节点的计算负荷，分散式结构中每个节点都具备了一定的数据处理能力，并将处理结果交由中心节点进行融合。但是，从通信的角度来看，分散式估计仍然和集中式估计一样，需要中心节点收集所有节点的信息。相比之下，分布式估计完全舍弃了“中心”的概念，系统内每一个节点地位平等，各个节点独立获得目标的观测数据，而后仅与系统内部分相邻的节点(邻居节点)交互信息，便能各自在本地完成对目标状态的估计。此方式有效地降低了通信的数据量，同时极大地提高了系统的动态性、实时性以及容错性。

MAS 中的分布式估计算法凭借其“去中心”的特点，展现出了如下优势：

(1)通信代价低：系统内的节点只需与邻居节点进行通信，有效节省了信道资源。

(2)适应性强：个体可根据局部信息的变化适时调整，且不影响系统内其他节点。

(3)扩展性好：可根据需求增减系统内的节点总数，实现即插即用。

(4)鲁棒性高：单个节点的故障不至于影响整个系统的性能。

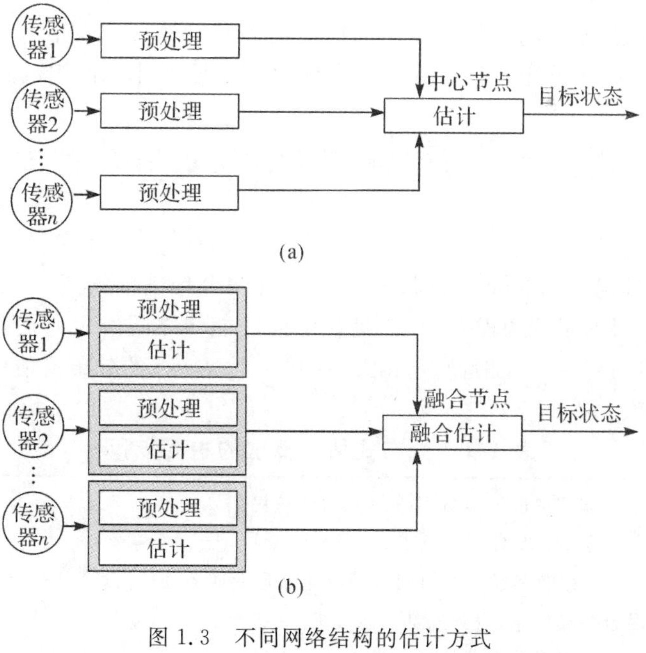

图 1.3　不同网络结构的估计方式

(a)集中式估计；(b)分散式估计

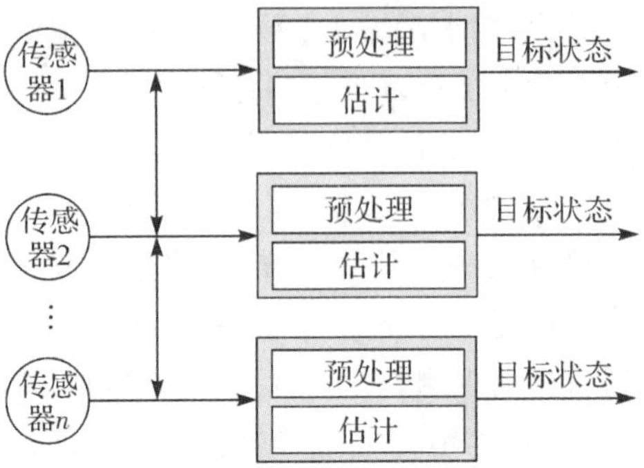

续图 1.3　不同网络结构的估计方式
(c)分布式估计

但是，与此同时，MAS 中的分布式估计方法也迎来了诸多的挑战。首先，系统所得到的数据分散于网络中的智能体上，单个智能体所获取的信息相对于系统的全局信息而言较为有限。此外，复杂的应用环境，尤其是高强度的军事对抗环境中极易带来各种不确定性因素(如噪声不确定、先验知识不确定、通信拓扑变化等)的影响。

综上所述，本书将围绕不确定环境下的多智能体分布式估计算法开展深入研究，为 MAS 分布式估计算法逐步从理论走向应用奠定坚实的技术基础。

1.2　基于卡尔曼滤波的分布式估计研究现状

分布式估计的本质是 MAS 中各个智能体实现局部信息集 $\mathcal{I}_i$ 向目标状态 x_i 的映射，即 $\mathcal{A}_i: \mathcal{I}_i \rightarrow x_i$。该过程主要包含两个局部数据流：一是各个智能体在局部获得的量测值 $\mathcal{O}_i(x_i)$，二是相邻的智能体之间经由通信网络交换的共享信息 $\mathcal{O}_i(\mathcal{N}_i)'$。一般而言，MAS 中第 i 个智能体的分布式估计算法的主要步骤见表 1.1。

表 1.1　分布式估计算法的主要步骤

初始化：各个智能体从前一时刻继承得到的信息集 $\mathcal{I}_{i,k-1}$。
输入：第 i 个智能体获取局部量测 $\mathcal{I}'_{i,k} \leftarrow \mathcal{O}_i(x_{i,k})$。
信息交互：第 i 个智能体经由通信网络获取相邻智能体的共享信息 $\mathcal{I}^{N}_{i,k} \leftarrow \mathcal{O}_i(\mathcal{N}_{i,k})'$。
信息融合：融合各类信息，得到局部信息集 $\mathcal{I}_{i,k} = \mathcal{I}_{i,k-1} \cup \mathcal{I}'_{i,k} \cup \mathcal{I}^{N}_{i,k}$。
输出：根据局部信息集获取目标的估计 $x_{i,k} \leftarrow \mathcal{A}_i(\mathcal{I}_{i,k})$。

由于卡尔曼滤波(Kalman Filter,KF)具有计算量小以及完美递归的特点,因此,在 MAS 分布式估计算法中,应用最为广泛的便是基于 KF 的算法[4]。考虑如下线性系统:

$$x_{k+1} = A_k x_k + w_k \tag{1.1}$$

假设 n 个智能体可分别对目标进行观测,其量测方程为

$$y_{i,k} = \boldsymbol{C}_{i,k} x_k + v_{i,k} \tag{1.2}$$

那么在噪声服从高斯分布的条件下,各个智能体便可根据标准的 KF 得到目标在均方意义的局部最优估计[4],其具体过程如下:

$$K_{i,k} = \overline{P}_{i,k} \boldsymbol{C}_{i,k} (\boldsymbol{C}_{i,k} \overline{P}_{i,k} \boldsymbol{C}_{i,k}^{\mathrm{T}} + R_i)^{-1} \tag{1.3}$$

$$\overline{x}_{i,k} = A_k \hat{x}_{i,k-1} \tag{1.4}$$

$$\overline{P}_{i,k} = A_k P_{i,k-1} A_k + Q \tag{1.5}$$

$$\hat{x}_{i,k} = \overline{x}_{i,k} + K_{i,k}(y_{i,k} - \boldsymbol{C}_{i,k} \overline{x}_{i,k}) \tag{1.6}$$

$$P_{i,k} = \overline{P}_{i,k} - K_{i,k} \boldsymbol{C}_{i,k} \overline{P}_{i,k} \tag{1.7}$$

分布式卡尔曼滤波便是由上述标准 KF 与信息融合的方法结合演变而来的。根据融合策略的不同,分布式卡尔曼滤波器大致可分为基于状态向量融合(State Vector Fusion, SVF)策略的估计方法和基于信息向量融合(Information Vector Fusion, IVF)策略的估计方法。SVF 指的是 MAS 中局部状态估计的直接融合,而 IVF 指的是智能体之间局部测量的直接或间接交换。本节将从这两个不同的角度对现有的分布式估计算法进行详细的回顾。

由于分布式融合体系结构中没有处理中心,基本问题自然就出现了:如何仅利用邻居的信息有效地进行 SVF 或 IVF? 根据局部智能体与邻居的通信方式,现有文献提出了 4 种具有代表性的分布式融合策略:顺序融合(Sequential Fusion)、一致性协议(Consensus Protocol)、Gossip 过程和扩散策略(Diffusion Strategy)。表 1.2 总结了这 4 种不同融合策略的主要特点。本节将从这 4 种不同的融合策略出发,对 SVF 策略和 IVF 策略进行详细的回顾。表 1.3 总结了算法评估中使用的主要性能指标,需要注意的是,当讨论一个特定的分布式估计算法的全局收敛性或全局最优性时,需要假设传感器网络是强连通的。但是,这并不意味着该算法必须依赖强连通的智能体网络才能实现对目标的估计。

表 1.2　不同融合策略的特点

策略名称	融合方式	通信方式	优　点	缺　点
顺序融合	依次重复执行两个传感器的融合	两个传感器之间顺序通信	简单明了	需要顺序连接拓扑,需要所有节点都能观察到目标
一致性协议	计算网络内全部节点的平均	每个节点与其邻居进行迭代通信	具有全局最优性并适用于一般的网络拓扑结构	需要多次(或在理想情况下无限次)迭代和全局信息(例如拓扑图的最大度)
Gossip 过程	计算网络内全部节点的平均	每个节点随机地或确定地与其一个邻居进行迭代通信	具有全局最优性并适用于一般的网络拓扑结构	需要多次(或在理想情况下无限次)迭代
扩散策略	计算局部信息的凸组合	每个节点与所有邻居通信一次	完全分布且通信负担较低	非全局收敛

表 1.3　算法评估中的性能指标

指　标	解释说明
全局最优性	该算法能在有限时间内或渐近地收敛到贝叶斯最优集中解
局部一致性	融合后的估计能够保持局部一致性,即实际的局部协方差总是有界于融合后的协方差
完全分布	融合算法不需要全局信息,如网络大小、节点数等
通信负担	融合过程中的通信迭代次数
特定拓扑	融合算法依赖于某种特定的网络拓扑

1.2.1　基于 SVF 的分布式卡尔曼滤波

基于不同的融合策略,本小节首先回顾已有的 SVF 分布式实现方案,然后总结不同 SVF 算法的主要特性。

1. 基于顺序融合的分布式 SVF

Bar-Shalom 和 Campo 在参考文献[5]中首先提出了两个传感器的 SVF 算法，将一个传感器的局部估计作为另一个传感器的伪测量。在参考文献[6]中，通过最大化联合似然(Maximum Joint Likelihood，MJL)函数，这一思想后来被扩展到具有 N 个节点的传感器网络。得到的融合规则由矩阵加权 SVF 给出[7]。使用加权最小二乘(Weighted Least Square，WLS)准则，Li 等人在参考文献[8]中提出了一种最佳融合算法，用于测量噪声在节点上随时间任意相关和/或与估计值任意相关的情况。后来，在参考文献[9-10]中，MJL 和 WLS 算法在高斯假设下被证明是等价的，并且在线性无偏最小方差(Linear Unbiased Minimum Variance，LUMV)意义下也是最优的。通过最小化 LUMV 得到的最终融合规则如下所示：

$$\hat{x}_k = \sum_{i=1}^{N} \boldsymbol{A}_i \hat{x}_{i,k} \tag{1.8}$$

其中，最优权重矩阵 $\boldsymbol{A}_i$ 由 $[A_1, A_2, \cdots, A_N] = (\boldsymbol{e}^{\mathrm{T}}\boldsymbol{\Sigma}^{-1}\boldsymbol{e})^{-1}\boldsymbol{\Sigma}^{-1}$ 确定，矩阵 $\boldsymbol{\Sigma} \in \mathbb{R}^{nN\times nN}$ 的第(i,j)元素为互协方差 $P_{k,ij}$。

尽管上述基于顺序融合的方法是局部最优的，但前提条件是需要计算各个传感器之间的互协方差 $P_{k,ij}$。显然，这一计算会消耗大量的计算资源，为了降低计算复杂度，参考文献[11-12]提出了对角矩阵和标量加权融合规则。参考文献[13]从理论上分析比较了这些算法的性能，并指出基于顺序融合的估计算法确保全局性能的前提是网络拓扑是顺序连接的(例如环/链通信拓扑)，否则，顺序融合的策略不适用于全局估计，因此这种融合策略不能被视为完全分布式的方法。

2. 基于一致性协议的分布式 SVF

随着网络科学的发展，一致性算法被认为是设计分布式滤波器以保证全局收敛的有力工具[14-17]。这主要归功于一致性算法能执行网络范围内的计算任务，例如计算网络内所有节点的数量或函数的平均值。Olfati-Saber 在参考文献[15]中通过对局部估计进行一致性平均，提出了一种卡尔曼一致性滤波器(Kalman Consensus Filter，KCF)。该工作是传感器网络全局分布估计领域的开拓性工作，但该方法依赖于一个较为苛刻的假设，即系统内各个智能体的观测矩阵完全相同，此外，算法的稳定性也未能得到证明。在 Olfati-Saber 提出的一致性滤波器的基础上，参考文献[18]证明了该算法能保证误差协方差矩阵的局部估计收敛至集中误差协方差矩阵，且状态的局部估计平均收敛到集中式 KF 的估计。第 l 次一致性融合估计迭代步骤如下所示：

$$\hat{x}_{k,i}^{(l)}=\sum_{j\in\mathcal{N}_i}\pi_{k,ij}\hat{x}_{k,j}^{(l)} \tag{1.9}$$

式中：一致性增益 $\pi_{k,ij}>0$ 通常基于网络拓扑的度来选择[19]。最大度权重和 Metropolis 权重是两种广泛使用的用于实现平均一致性的次优一致性增益[20]。由于一致性增益对整体估计性能有很大的影响，所以参考文献[21]研究了如何通过最小化估计误差协方差的迹来联合优化 KCF 的一致性增益和卡尔曼局部估计增益 $K_{i,k}$。

KCF 的局限性在于它是对所有邻域的先验状态进行平均加权，当某些传感器由于视场有限而无法检测到目标时，KCF 的性能会急剧下降。有限的传感器探测范围，加上稀疏的通信网络拓扑结构，将对 KCF 的瞬态行为产生深远的影响，甚至会导致估计的发散。为了解决这一问题，参考文献[22]提出了一种广义的卡尔曼一致性滤波器（Generalised Kalman Consensus Filter，GKCF）方法，该方法通过邻域的先验协方差矩阵加权邻域的先验状态。虽然 GKCF 在估计精度上优于 KCF，但 GKCF 不能保证全局最优，也就是说，即使有无限次的一致迭代，其精度也不能收敛到集中式滤波器的精度。其原因在于 GKCF 在传感器融合中从不利用局部后验协方差信息。需要指出的是，在满足传感器网络全局可观和通信拓扑连通的假设条件下，基于一致性的分布式估计器能保证全局性能收敛[23]。

3. 基于 Gossip 过程的分布式 SVF

不同于一致性平均，Ma 等人通过对局部状态估计执行随机传播，提出了一种基于 Gossip 过程的分布式卡尔曼滤波器（Gossip Distributed Kalman Filter，GDKF）[24]。在每一轮 Gossip 迭代中，每个节点使用 GDKF 随机选择一个与本地连通的邻居节点，并对这两个本地状态估计进行平均。GDKF 的主要优点是在一次迭代中，每个传感器只需要与一个相邻的节点进行通信，因此具有相对较低的通信负担。与 GDKF 相比，KCF 算法中的节点从其所有的邻居节点接收信息，因此以高通信成本为代价在准确性方面表现更好。此外，还需注意的是，在融合过程中，KCF 和 GKCF 都只使用局部状态估计。这意味着即使迭代次数无限，GDKF 也无法达到集中式估计的性能。在分布式估计中使用 Gossip 过程的另一个好处是基于 Gossip 的算法适用于异步融合。然而，异步条件下，基于 Gossip 过程的估计器的收敛速度比同步模式慢得多[25]。

4. 基于扩散策略的分布式 SVF

基于扩散策略的算法近年来也得到了广泛的研究[26-29]。与 KCF 和 GKCF 不同,扩散卡尔曼滤波器(Diffusion Kalman Filter, DKF)采用局部邻域估计的单步凸组合作为估计:

$$\hat{x}_{k,i}^{(l)} = \sum_{j \in \mathcal{N}_i} c_{k,ij} \hat{x}_{k,j}^{(l)} \tag{1.10}$$

由式(1.10)可知,扩散策略在每个节点处提供的融合估计是邻居内所有可用估计的线性组合,而且标量权重 $c_{k,ij}$ 对融合性能有着不可忽略的影响。因此,参考文献[30]讨论了组合权重的最优选择问题,并将此转化为一个带约束的优化问题。由于最优解依赖于先验已知每个节点的观测模型,因此给出了一种基于梯度下降的方法来求解该问题的次优解,并基于此提出了一种自适应扩散卡尔曼滤波器(Adaptive Diffusion Kalman Filter, ADKF)。此外,参考文献[27]提出了一种基于协方差求交(Covariance Intersection, CI)的方法,该方法使用局部信息对的凸组合将具有未知相关性的估计进行融合。参考文献[31]中的理论性能分析表明,如果系统是局部可观的,那么 DKF 能保证估计结果的无偏性和有界性。为了放宽局部可观的假设限制,Hu 等人将一致性方法与扩散策略进行结合[27],开发了 DKF 的新版本 CDKF。不同于上述方法需要交换所有状态向量的中间估计,参考文献[32]中提出的部分扩散卡尔曼滤波器(Partial Diffusion Kalman Filter, PDKF)只需共享局部估计的子集,因而通信消耗相对较低。

表 1.4 总结了上述分布式 SVF 估计器的主要特性。从表 1.4 中可以看出,SVF 算法的主要缺点是不能保证理论收敛到集中式的最优解。具体而言,基于一次迭代扩散的方法[27,30-32]是一种通信负担低、全分布式的估计方法,而基于一致性和基于 Gossip 过程的方法在允许多次通信迭代的条件下在跟踪精度方面具有更为突出的表现。特别地,对于某些局部传感器由于感知范围限制而无法观测到目标的实际情况,KCF[15,17,21]和 GDKF[24]的性能都会由于无法保持局部一致性而显著下降。尽管 GKCF[22]能够提高这种场景下的跟踪性能,但其一致性增益的选择需要依赖网络拓扑结构的信息。此外,顺序融合策略则仅适用于顺序连接的网络拓扑结构(如链、环),而且需要每个传感器的视场都能覆盖整个监视区域,这些条件极大地限制了顺序融合策略在实际工程中的应用。

表 1.4　不同融合策略的 SVF 的特性

策略名称	算　法	全局最优性	局部一致性	全分布式	通信消耗	特殊拓扑
顺序融合	基于顺序融合的 SVF[5-10]	否	是	否	高	是
一致性协议	KCF[15,21]	否	否	否	高	否
	GKCF[22]	否	是	否	高	否
Gossip 过程	GDKF[24]	否	否	是	中等	否
扩散策略	DKF[31]	否	否	是	低	否
	ADKF[30]	否	否	是	低	否
	CDKF[27]	否	是	是	低	否
	PDKF[32]	否	否	是	低	否

1.2.2　基于 IVF 的分布式卡尔曼滤波

IVF 为分布估计提供了另一种思路，本小节首先回顾使用不同融合策略的 IVF 分布式实现方案，然后总结不同 IVF 算法的主要特性。

1. 基于顺序融合的分布式 IVF

Willner 等人提出了一种测量向量融合(Measurement Vector Fusion, MVF)算法[33]，该算法直接交换局部测量向量，得到两个传感器在最小均方误差(Minimum Mean Square Error, MMSE)意义下的融合伪测量。伪测量由下式给出：

$$\bar{z}_{k,i} = z_{k,i} + R_{k,i}(R_{k,i} + R_{k,j})^{-1}(z_{k,j} - z_{k,i}) \tag{1.11}$$

其相应的协方差 $\bar{R}_{k,i}$ 可以表示为 $\bar{R}_{k,i} = (R_{k,i} + R_{k,j})^{-1}$。

与基于顺序融合的 SVF 方法类似，MVF 方法也可以顺序融合实现。参考文献[33]对比了 MVF 方法和标准 SVF 方法[5]的性能，分析结果表明 MVF 方法能有效降低误差协方差。之后，参考文献[34]提出了一种 MVF 在多传感器网络中的扩展，该算法通过简单的矩匹配将测量集转换为一种替代信息及其相应的测量。不同于 MVF，成熟的 CI[35-36] 规则提供了另一种以分布式方式进行 IVF 的替代方法。基于 CI 规则融合两个传感器的估计和相应的协方差的具体过程可以表示为

$$\check{P}_i^{-1} = \omega P_i^{-1} + (1-\omega)P_j^{-1} \tag{1.12}$$

$$\check{P}_i^{-1}\check{x}_i = \omega P_i^{-1}\hat{x}_i + (1-\omega)P_j^{-1}\hat{j}_i \tag{1.13}$$

其中，组合权重 ω 的优化是基于某种特定的优化准则，如最小迹或最小行列式等[28-29]。

CI 规则的本质是对估计误差协方差的几何解释。如果两个局部估计的协方差椭球重叠，那么 CI 规则得到的融合结果是两个局部误差协方差交集区域的一个子集，从而在两个局部估计之间的相关性未知的条件下，保证了融合估计的一致性。以此为基础，参考文献[37]提出了一种基于 CI 的分布式估计器，该算法对每两个传感器依次重复应用 CI 规则来融合其估计。理论性能分析表明，顺序 CI 融合的估计精度低于理想的批量 CI 融合。此外，椭球 CI (Ellipsoid Covariance Intersection, ECI)[38] 和逆 CI (Inverse Covariance Intersection, ICI)[39] 是对原 CI 的两个改进。与 CI 相比，ECI 和 ICI 都提供了更高的置信水平，也就是说，更小的椭球区域。同样地，ECI 和 ICI 也可以应用于多传感器系统的顺序融合。

2. 基于一致性协议的分布式 IVF

与 KCF 类似，平均一致性算法也可以用来实现 MVF[40-42]。这类融合结构被称为基于一致性的 MVF 卡尔曼滤波器(Consensus-based MVF Kalman Filter, CMVFKF)，其目的是在 KF 的新息项上获得全网络的平均一致性。为了保证全局收敛至集中式版本，Olfati-Saber 在参考文献[43]中引入了量测一致性的概念并提出了一种基于量测一致性的卡尔曼滤波器(Consensus Measurement Kalman Filter, CMKF)。CMKF 的思想是以分布式的方式使得平均一致性项 $\mathcal{A}(\cdot)$ 能匹配集中式的新息项 $\sum_{i=1}^{N}\boldsymbol{H}_{k,i}^{\mathrm{T}}\boldsymbol{R}_{k,i}^{-1}z_{k,i}$ 和 $\sum_{i=1}^{N}\boldsymbol{H}_{k,i}^{\mathrm{T}}\boldsymbol{R}_{k,i}^{-1}\boldsymbol{H}_{k,i}$。CMKF 的具体更新过程可以写作：

$$\boldsymbol{P}_{k,i}^{-1} = \overline{\boldsymbol{P}}_{k,i}^{-1} + N\,\mathcal{A}(\boldsymbol{H}_{k,j}^{\mathrm{T}}\boldsymbol{R}_{k,j}^{-1}\boldsymbol{H}_{k,j}),\quad j\in\mathcal{N}_i \tag{1.14}$$

$$\boldsymbol{P}_{k,i}^{-1}\hat{x}_{k,i} = \overline{\boldsymbol{P}}_{k,i}^{-1}\overline{x}_i + N\,\mathcal{A}(\boldsymbol{H}_{k,j}^{\mathrm{T}}\boldsymbol{R}_{k,j}^{-1}z_{k,j}),\quad j\in\mathcal{N}_i \tag{1.15}$$

参考文献[18]分析了 CMKF 的收敛性和稳定性，并说明了 CMKF 在先验收敛的前提下在任意时刻都是渐近最优的。从式(1.14)和式(1.15)不难发现，CMKF 在融合过程中不可避免地要面临局部估计自相关的问题。此外，CMKF 使用其自身的先验协方差矩阵对局部先验估计进行加权，这意味着它不能保持局部估计的一致性，因为局部传感器的可观测性条件只能通过足够的迭代次数来保证。该问题在稀疏网络中更为突出，因此一致性迭代次数的限制会显著降低 CMKF 的性能。

为了解决 CMKF 的相关问题，参考文献[44-45]提出了一种基于广义的分布式 CI 卡尔曼滤波器（Covariance Intersection Kalman Filter，CIKF），表达式如下：

$$\boldsymbol{P}_{k,i}^{-1}=\mathcal{A}(\overline{\boldsymbol{P}}_{k,j}^{-1}+\boldsymbol{H}_{k,j}^{\mathrm{T}}\boldsymbol{R}_{k,j}^{-1}\boldsymbol{H}_{k,j}),\quad j\in\mathcal{N}_i \tag{1.16}$$

$$\boldsymbol{P}_{k,i}^{-1}\hat{x}_{k,i}=\mathcal{A}(\overline{\boldsymbol{P}}_{k,j}^{-1}\overline{x}_i+\boldsymbol{H}_{k,j}^{\mathrm{T}}\boldsymbol{R}_{k,j}^{-1}z_{k,j}),\quad j\in\mathcal{N}_i \tag{1.17}$$

为了保证 CIKF 算法的单步一致性，参考文献[46]提出了一种使用凸优化的最优融合权重设计算法，用以最小化融合的不确定性。CIKF 被证明能产生无偏的局部估计，并等价于参考文献[47]中对局部概率密度函数（Probability Density Function，PDF）的库尔贝克-莱布勒（Kullback-Leibler）平均值的一致性。

得益于 CI 融合规则的性质，基于 CI 的分布式估计器保证了局部估计的一致性，因此在一致性迭代次数有限的情况下，CIKF 通常表现出比 CMKF 更好的性能。但是，遗憾的是，CIKF 并不是全局最优的，因为它低估了新息项 $\sum_{i=1}^{N}\boldsymbol{H}_{k,i}^{\mathrm{T}}\boldsymbol{R}_{k,i}^{-1}z_{k,i}$ 和 $\sum_{i=1}^{N}\boldsymbol{H}_{k,i}^{\mathrm{T}}\boldsymbol{R}_{k,i}^{-1}\boldsymbol{H}_{k,i}$ 带来的局部冗余问题。针对该问题，参考文献[48]提出了一种分布式极大后验参数估计的信息一致性滤波器（Information Consensus Filter，ICF），表达式如下：

$$\boldsymbol{P}_{k,i}^{-1}=N\,\mathcal{A}(\frac{1}{N}\overline{\boldsymbol{P}}_{k,j}^{-1}+\boldsymbol{H}_{k,j}^{\mathrm{T}}\boldsymbol{R}_{k,j}^{-1}\boldsymbol{H}_{k,j}),\quad j\in\mathcal{N}_i \tag{1.18}$$

$$\boldsymbol{P}_{k,i}^{-1}\hat{x}_{k,i}=N\,\mathcal{A}(\frac{1}{N}\overline{\boldsymbol{P}}_{k,j}^{-1}\overline{x}_i+\boldsymbol{H}_{k,j}^{\mathrm{T}}\boldsymbol{R}_{k,j}^{-1}z_{k,j}),\quad j\in\mathcal{N}_i \tag{1.19}$$

当一致性迭代次数趋于无穷大时，ICF 算法能够渐近收敛到具有强连通无向网络拓扑的集中式滤波器。然而，ICF 需要部分全局信息，例如传感器网络的度和网络节点总数。总体而言，大多数基于一致性的分布式估计器需要足够的迭代次数来保证收敛性，这往往也就意味着极高的通信负担。

3. 基于 Gossip 过程的分布式 IVF

近年来，一些学者也从 Gossip 过程的角度研究了 IVF 的分布式实现。参考文献[49]提出了一种 Gossip 交互式卡尔曼滤波器（Gossip Interactive Kalman Filter，GIKF），该方法与其他基于一致性的分布式卡尔曼滤波器的根本区别在于其在同一时间尺度上执行一致性更新和观测更新。具体而言，智能体 i 在随机的时刻随机选择邻居智能体 $\bar{i}\in\mathcal{N}_i$ 来交换它们的先验估计和相应的误差协方差，以进行如下更新：

$$\boldsymbol{P}_{k,i}^{-1}=\overline{P}_{k,\bar{i}}-K_{k,i}H_{k,i}\overline{P}_{k,\bar{i}} \tag{1.20}$$

$$\hat{x}_{k,i}=\bar{x}_{k,\bar{i}}+K_{k,i}(z_{k,i}-H_{k,i}\bar{x}_{k,\bar{i}}) \tag{1.21}$$

GIKF 保证了概率意义上的全局收敛。基于此：Li 等人通过添加一个额外的观测混合步骤提出了一种改进的 GIKF（Modified Gossip Interactive Kalman Filter，M－GIKF）[50]；Qin 等人则利用 IVF 中的随机一致性，用随机 Gossip 算法代替 CMKF 中的平均一致性，提出了一种基于 Gossip 过程的 CMKF（Gossip Consensus Measurement Kalman Filter，G－CMKF）[51]。理论分析表明，随机协议的使用有助于避免烦琐的通信，从而可以减少执行传感器融合所需的时间。尽管随机 Gossip 过程被证明在迭代次数无限的条件下可以保证所有节点之间的平均一致性[51]，但 G－CMKF 的收敛速度却远低于传统的 CMKF 。为了提高 Gossip 过程的收敛速度，参考文献[52]设计了一种“贪婪”的确定性通信策略，并以此为基础发展了一种基于贪婪 Gossip 过程的 CMKF（Greedy Gossip Consensus Measurement Kalman Filter，GG－CMKF）。原则上，随机 Gossip 过程和贪婪 Gossip 过程具有互补性。具体而言，随机 Gossip 过程的计算负担较低，但由于其随机性，其收敛速度相对较慢。相比之下，贪婪 Gossip 过程以较高的传播负担为代价，能够更快地收敛到平均值。其传播负担主要归咎于贪婪 Gossip 过程要求每个节点与其所有邻居通信，以确认一条最佳的信息传播路径。

4.基于扩散策略的分布式 IVF

以参考文献[31]所提的 DKF 为基础，参考文献[53]提出了一种经济有效的 DKF（Cost－Effective Diffusion Kalman Filter，CE－DKF），该方法不仅融合了局部的状态估计，还进一步融合了其相应的协方差。参考文献[54]在执行扩散策略融合状态向量之前，利用局部 CI 来提高局部估计性能，提出了一种 CI－DKF。Wang 等人综合了参考文献[53－54]的思想，提出了 CI－DKF 的一个性能更好的新变种[55]。与基于共识和流言的方法相比，基于扩散的算法通常不需要了解网络的大小，因此可以看作完全分布式的算法。然而，需要指出的是，一致过程的渐近收敛性在扩散过程中丧失了。

表 1.5 总结了上述分布式 IVF 估计器的主要特性。从表 1.5 中可以看出，与基于 SVF 的算法相比，IVF 直接或间接地利用了融合过程中的局部测量，使得 IVF 算法具有全局收敛到集中式最优估计的可能性，且 IVF 往往能得到比 SVF 更精确的估计结果。值得注意的是，如果通信带宽受限，那么 CMKF[43] 及其相关变体都不是首选方法，因为这些算法的性能会随着一致性

或 Gossip 过程迭代次数的减少而急剧下降。相比之下，在任意一致性迭代次数下都能保证稳定性的基于 ICF 的方法[48,56]更适用于通信资源有限的场景。若不考虑通信成本，则基于一致性和 Gossip 过程的分布式 IVF 滤波器可以获得更高的跟踪精度。总体而言，融合性能和通信需求之间存在着严重的冲突，较高的估计精度往往意味着更高的通信带宽或更多的通信迭代。然而，在 MAS 中，通信带来的能量损耗远高于计算(距离为 50 m 的两个节点之间的单次通信可能需要比 5 亿次浮点计算更多的能量[57])，因此需要根据实际情况选择合适的算法类型，以权衡通信能量损耗和算法估计精度。

表 1.5　不同融合策略的 IVF 的特性

策略名称	算　法	全局最优性	局部一致性	全分布式	通信消耗	特殊拓扑
顺序融合	MVF[33-34,58]	否	否	否	高	是
	顺序 CI[37]	否	是	否	高	是
	ECI[38]	否	是	否	高	是
	ICI[39]	否	是	否	高	是
一致性协议	CMVFKF[40-42]	是	否	否	高	否
	CMKF[18,43]	是	否	否	高	否
	CIKF[44-47]	否	是	否	高	否
	ICF[48]	是	是	否	高	否
Gossip 过程	GIKF[49]	否	是	是	中等	否
	M - GIKF[50]	否	是	是	中等	否
	G - CMKF[51]	是	否	是	中等	否
	GG - CMKF[52]	是	否	否	高	否
扩散策略	CE - DKF[53]	否	否	是	低	否
	CI - DKF[54-55]	否	是	是	低	否

1.3　不确定条件下卡尔曼滤波算法的研究现状

在卡尔曼滤波(KF)理论中,一般假设系统的动力学模型精确已知,且噪声模型为精确已知的高斯概率分布。以此假设为基础,1.2 节中所提的分布式卡尔曼滤波器都能实现对目标状态的最优估计或次优估计。但是,在实际应用的过程中,系统除了表现出常见的非线性之外,往往还带有诸多的不确定性,如噪声不确定、先验知识不确定、通信拓扑不确定等[59-60],因此需要针对各类不确定条件设计相应的估计方法。下面,对几类不确定条件下的卡尔曼滤波算法进行简要综述。

1.噪声不确定

大量的滤波估计算法都基于噪声服从高斯分布且已知其统计特性的假设,但在实际应用场景中,传感器所处环境的复杂性、样本信息的不足、误差的累积等因素,都可能导致无法获得精确的噪声统计模型[61-62]。尤其是在复杂的军事对抗环境中,传感器所处的环境复杂多变,对非合作目标的量测过程往往会存在噪声统计特性未知的情形,甚至会出现量测噪声统计特性突变的极端情况,而未知或时变的噪声统计特性则会进一步导致滤波器性能的严重下降甚至是发散[63-64]。

针对噪声的不确定性,最主流的方法是基于 H_∞ 的估计算法,H_∞ 估计以确定性的干扰代替传统 KF 中的噪声,有效解决了系统模型不确定性和外界扰动不确定的问题[68]。为了解决分布式估计中噪声的不确定性问题,基于 H_∞ 的分布式估计方法得到了广泛的关注和深入的研究。参考文献[66]将分布式状态估计(Distributed State Estimation, DSE)问题转换为了一个线性矩阵不等式(Linear Matrix Inequality, LMI)约束下的凸优化问题,进而提出了一种鲁棒分布式滤波器,并讨论了该算法的稳定性充分条件。在此基础上,参考文献[67]提出了一种基于分布式 H_∞ 估计算法及一种用于改善测量和限制滤波器增益的控制律。进一步考虑量测丢失和通信拓扑切换的特殊问题,参考文献[68]和参考文献[69]分别提出了相应的 H_∞ 估计算法。此外,针对模式转移统计信息不足的情形,参考文献[41]在离散时间马尔可夫系统中研究了一类分布式 H_∞ 估计问题,提出了一种基于矩阵不等式的分布式滤波器设计方案。值得注意的是,参考文献[66]和参考文献[70]中,分布式 H_∞ 估计问题有解的前提条件是 LMI 有解,而 LMI 解的存在性又取决于系统自身的形式和特征[71]。因此，对于一些形式特殊的系统，难以直接采用 LMI 的方法来设计分布式 H_∞ 估计算法。

2.先验知识不确定

现有的诸多算法都依赖于精确的系统模型、准确的噪声参数等先验知识，对系统精确、定量地建模以实现对目标的精确估计。但是，在实际系统中，有时会存在一些事件定义不明确、无法获得大量样本、受人为因素影响的系统[72]，只能进行定性的描述。例如，因认识的局限性，复杂系统之间的关系难以精确刻画[72]，新的工业产品因样本较少而无法得到精确的统计特性参数[73]，军事对抗中某些敌方情报数据不准确，等等。为了解决因先验知识不足而导致的模糊性问题，一些学者引入了可能性理论。

可能性理论作为概率论的一种广义形式，由 Zadeh 在参考文献[74]中提出。在此基础上，一些学者将可能性理论与卡尔曼滤波相结合，提出了多种模糊卡尔曼滤波(Fuzzy Kalman Filter，FKF)来处理系统中的各类模糊不确定性问题。例如，参考文献[75 - 77]中提出的高木-关野(Takagi - Sugeno)模糊模型，通过多个线性模型的集合来描述模糊区域内的非线性模型。此外，Longo 等人将模糊逻辑应用于传感器融合中，给出了一种基于模糊逻辑的机器人定位方法[78]。进一步，为了保持导航过程中机器人周围环境的一致性表示，Herrero - Pérez 等人根据模糊逻辑的相似性解释融合了不确定的位置信息[79]。参考文献[80]将概率模糊方法应用于基于航位推算的定位和距离测量，以减小各种不可预测的误差的影响。总的来看，目前大多数的 FKF 都集中在研究模糊逻辑、模糊规则或模糊关系上，但这些方法不能直接用于具有模糊变量的系统中。

3.通信拓扑不确定

在复杂的现实应用场景中，智能体间的通信链路会由于外部干扰或路径遮挡等因素而发生变化。另外，传感器与目标之间构成的观测拓扑关系往往也是时变的，拓扑的变化对估计算法的性能有着不可忽略的影响[81-83]。

参考文献[84]引入连通独立性和弧独立性来刻画随机图对一致收敛性的基本影响，在给出伯努利(Bernoulli)试验成功概率的充要条件的同时，也给出了分布式估计算法收敛的充要条件。此外，一类以马尔可夫(Markov)切换拓扑为基础的分布式估计算法颇受关注。参考文献[85]讨论了具有有向信息流和随机切换拓扑的动态 MAS 的一致性问题，该研究中通信拓扑的切换由马尔可夫链决定且每个拓扑对应马尔可夫链的一个状态。参考文献[66]在研究H_∞估计问题的同时考虑了基于马尔可夫通信拓扑的切换问题，提出了一种鲁棒分布式滤波器，并讨论了其稳定性充分条件。

1.4　主要研究工作

1.4.1　针对系统非线性的分布式估计方法

对于大多数实际系统，它们通常是非线性的，为此，一些学者提出了许多具有不同性能的非线性滤波器。最为直接的方法是通过求取系统方程泰勒展开的一阶项，将分布式卡尔曼滤波器直接推广到非线性高斯系统，参考文献[88]得到了分布式扩展卡尔曼滤波(Distributed Extended Kalman Filter, DEKF)。值得注意的是，基于扩展卡尔曼滤波(EKF)的算法存在明显的局限性，尤其是对于高阶强非线性系统，该类方法存在较大的截断误差，可能导致方差病态，甚至滤波器发散。相比之下，基于无迹卡尔曼滤波(Unscented Kalman Filter, UKF)和容积卡尔曼滤波(Cubature Kalman Filter, CKF)的方法则是利用一组采样点，在贝叶斯框架下近似"计算"状态量经由非线性系统传递后的统计特性"参数"。基于 UKF 和 CKF 的算法具有更高的稳定性和鲁棒性，以及更高的估计精度(三阶以上泰勒展开)[89-90]。通过利用统计线性回归方法和重建伪测量矩阵，Li 和 Jia 提出了一种适用于跳跃马尔可夫非线性系统的分布式 UKF 算法[91]。在不近似任何伪测量矩阵的情况下，参考文献[92]研究了一种基于加权平均一致性的分布式 UKF 算法。此外，由于基于 UKF 的方法需要设置非零缩放参数，且在处理高维系统时可能出现非正定协方差矩阵。因此，近年来，更适用于高维非线性系统的 CKF 的分布式滤波算法更受青睐[93]，它提供的估计比大多数现有的高斯滤波器更精确和稳定。随着 CKF 与分布式网络结构的结合，飞速发展出了大量的分布式容积卡尔曼滤波(Distributed Cubature Kalman Filter, DCKF)[94-97]方法。

但是，上述非线性分布式方法的本质仍然是先通过非线性滤波器实现本地状态的估计，再完成基于状态估计的一致性计算。从贝叶斯的观点来看，分布式非线性滤波器的关键应该是如何通过有限的邻域通信来逼近全局似然函数。因此，本书针对系统的非线性，在贝叶斯框架下设计一种基于 PDF 一致性的分布式滤波算法。

1.4.2 针对噪声统计特性不确定的分布式估计方法

在实际应用之中，噪声的统计信息并不总是先验、已知的，复杂的环境以及目标非合作等情况都会造成噪声先验信息的未知。解决未知噪声问题的一种自然方法是使用自适应滤波器，如基于最大似然的自适应卡尔曼滤波器和协方差匹配方法[98-100]。然而，这些方法都存在计算复杂或分析困难的问题。因此，一种计算成本低和分析易处理的机器学习方法——变分贝叶斯（VB）被引入滤波框架下，以解决后验分布的估计问题。在参考文献[101]中，Särkkä 和 Nummenmaa 引入 VB 方法设计了一种自适应卡尔曼滤波方法（VB－AKF），该方法将线性系统中未知的噪声建模为一种逆伽马分布，并采用 VB 方法近似测量噪声与系统状态的联合后验分布。类似地，参考文献[102]将未知的噪声假定为威沙特分布并设计了一种基于 VB 的自适应容积信息滤波器（VB－ACIF）来估计噪声方差。此后，VB 方法得到广泛应用。在参考文献[103]中，一种基于 VB 的估计算法被用来估计带尾噪声。在参考文献[104]中，一种新的基于 VB 的自适应扩展卡尔曼滤波器（VB－AEKF）被提出，以处理系统的非线性问题。

然而，这些基于 VB 的方法都基于集中式网络结构，依赖中心节点处理全局信息。在只能与邻居节点交换信息的分布式网络结构中，这些方法都不再适用。本书旨在研究一种基于 VB 方法的分布式动态自适应滤波方法，用自由形式的变分分布来近似状态和噪声方差的联合后验分布。

1.4.3 针对模糊噪声的分布式估计方法

值得注意的是，目前大多数分布式卡尔曼滤波器都基于一个共同的假设，即系统的状态和噪声都服从一个确定的概率分布（例如高斯分布），而精确的概率模型的建立往往离不开明确的事件定义、大量的样本数据、稳定可重复的分布规律以及避免人为干扰的客观环境[72]，在实际应用中往往存在着大量的不确定性，使得概率假设不再适用[74,80]。例如，由于传感器的漂移和未知的复杂测量环境，在勘探过程中会发现测量值中存在不确定的噪声[105-106]。此外，对于大型复杂系统，各子系统之间的关系并不能被清晰划分，此时定量指标不能定量描述系统的真实状态[107]。面对这些系统的复杂性和不确定性，有必要研究一种基于可能性理论的分布式卡尔曼滤波算法。

目前为止，大多数的 FKF 都集中在研究模糊逻辑、模糊规则或模糊关系上，但这些方法不能直接用于具有模糊变量的系统中。因此，Matía 等人引入了模糊变量直接描述系统状态和噪声的不确定性，并提出了一种新颖的FKF，该方法完全摆脱概率框架，将高斯概率分布完全替换为梯形可能性分布(Trapezoidal Possibility Distribution，TPD)[108]。近 10 年来，许多学者在此基础上从理论完善和工程推广等不同的角度进一步展开了研究[109-110]。针对TPD 在非线性多变量系统难以计算的问题，参考文献[106]设计了一种 TPD 的替代方案，通过与 crisp 可能性滤波器的并行设计简化了计算过程。此外，参考文献[112－114]将 FKF 应用到了空间目标的无源定位中，Zhou 等人则在故障诊断问题中引入 TPD 来描述噪声的模糊不确定性[115-116]，都得到了不错的效果。尽管 FKF 已经引起了广泛的研究关注，但据我们所知，相应的分布式版本，即分布式模糊卡尔曼滤波器却鲜有研究。因此，本书将重点研究含模糊噪声的线性系统的分布式状态估计问题。

1.4.4　切换拓扑条件下的分布式模糊估计方法

网络拓扑结构作为 MAS 中的一个重要组成部分，其影响不容忽视。近年来，不同的通信拓扑结构在分布式优化[81-83]、分布式控制[117-118]和分布式估计[84-85,119]等领域得到了广泛的研究。参考文献[84]假设网络内智能体间的通信拓扑为随机图，给出了基于一致性的估计算法，并研究了其收敛性。另外，通过引入连通独立性描述了随机图对一致收敛性的影响，并分别给出了网络达到全局一致的必要条件和充分条件。参考文献[85]针对 MAS 讨论了具有有向信息流和随机交换拓扑的动态一致性问题，通过马尔可夫链决定拓扑的切换，每个拓扑对应于马尔可夫链的一个状态，并在此条件下证明了状态向量收敛到一致性的充要条件。参考文献[119]假设 MAS 中的节点随机地与邻居节点进行单向通信，将分布式估计问题转化为了一组 LMI 的凸优化问题，通过优化估计器的增益最小化估计误差矩阵的范数。由于空间限制，一些传感器可能无法直接获得目标的测量信息，参考文献[87,120]在切换通信拓扑的基础上进一步引入时变的观测拓扑，分别在连续系统和离散系统中展开了深入研究，并通过优化滤波增益得到了基于静态增益的分布式估计算法，其简单的静态结构在工程上更具优势。

然而，前述切换拓扑条件下的分布式估计方法均基于无噪声条件或依赖于概率模型的噪声假设，鲜有针对模糊噪声的相关研究。本书将在所研究的含模糊噪声的分布式估计算法的基础上进一步考虑切换拓扑的影响，提出一种切换拓扑条件下的分布式模糊滤波算法。

1.5 本书组织结构

本书以 MAS 为研究对象，主要围绕不确定条件下的分布式滤波算法开展研究，重点解决实际系统中广泛存在的非线性、噪声统计参数未知、噪声模糊、通信拓扑切换等问题。具体思路和工作安排如下：

第 1 章主要论述本书的研究背景，通过分析现有分布式估计算法的研究趋势，结合实际系统中存在的问题，确定本书的研究方向。

第 2 章针对非线性系统，主要研究基于 PDF 一致性的分布式极大后验估计算法。首先，在贝叶斯框架下通过分解极大后验的全局指标函数，给出极大后验分布式贝叶斯估计算法。然后，针对系统的非线性特点，运用容积积分规则，并从信息论的角度根据 K－L 距离实现 PDF 一致性的计算，提出一种基于 PDF 一致性的极大后验 DCKF 算法。最后，以空间目标的协同定位为应用背景，仿真验证本章提出的 DCKF 算法的性能。

第 3 章针对噪声统计特性不确定的情形，研究一种针对噪声方差未知的分布式自适应贝叶斯滤波器，并采用变分贝叶斯方法逼近未知噪声方差与状态的联合后验分布。首先，通过将全局证据下界(Evidence Lower Bound, ELBO)分解，提出一种分布式自适应贝叶斯滤波结构，在该结构下，噪声方差的估计可以由每个智能体局部获得，而全局状态估计则可以通过局部信息的加权一致性平均来逼近。然后，引入容积积分规则和信息滤波框架，提出一种基于变分贝叶斯技术的分布式自适应容积信息滤波器(VB－DACIF)。最后，以非合作目标跟踪为应用背景开展仿真，验证本章提出的 VB－DACIF 的有效性。

第 4 章针对环境中的不确定性，基于可能性框架提出一种分布式卡尔曼滤波算法。首先，将量测噪声与过程噪声建模为模糊变量，采用可能性分布代替概率分布来表示其不确定性，并基于最小不确定度推导模糊框架下的卡尔曼滤波。然后，提出一种新颖的模糊信息融合(Fuzzy Information Fusion, FIF)算法，以保证在分布式网络中，各个智能体能一致融合来自邻居节点的模糊的状态估计量。进而，将 FIF 算法嵌入分布式估计问题中，提出分布式模糊信息滤波(Distributed Fuzzy Information Filter, DFIF)算法，并通过有限的通信迭代，实现智能体之间模糊信息向量和模糊信息矩阵的加权平均一致。分析表明，在与邻居进行有限通信的情况下，基于全局可观性和通信拓扑连通性的假设，DFIF 算法能保证估计结果的稳定性。最后，以一个目标跟踪问题为例验证本章提出的 DFIF 算法的有效性。

第 5 章首先以第 4 章所研究的含模糊噪声的分布式估计问题为基础，进一步考虑复杂环境对 MAS 内通信链路的影响，以及智能体对目标观测的不确定性，建立同时考虑通信拓扑和观测拓扑的切换拓扑模型，并研究在指定时间段内拓扑结构的性质，以及其对信息传递的影响。然后，在 DFIF 的基础上考虑时变拓扑关系$\mathcal{G}(k)$，设计一种切换拓扑条件下的分布式模糊信息融合滤波(Distributed Fuzzy Information Filter under Switching Inter - connection Network，DFIF - SIN)算法。不同于传统分布式算法要求通信拓扑每时每刻都是连通的，DFIF - SIN 算法仅要求在指定时间段内通信拓扑的并图是连通的。分析表明，DFIF - SIN 仅需 1 次通信便能保证在信息向量和信息矩阵上实现加权平均一致，同时还能保证估计结果的稳定性。最后，构建一个具有极弱连通性和较差全局联合可观性的仿真验证场景，验证本章提出的 DFIF - SIN 算法的有效性。

第 6 章总结本书的工作与创新性，并进一步展望未来的研究方向。

根据上述章节安排，梳理核心章节的研究重点和各章研究内容间的联系，划分本书的结构框图如图 1.4 所示。

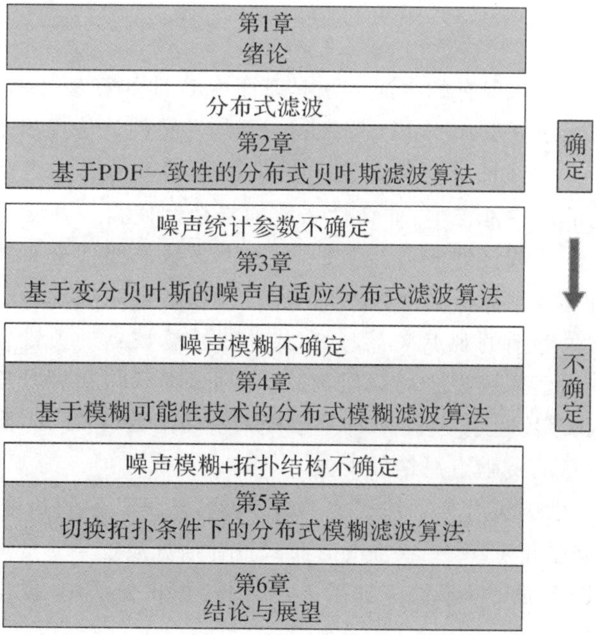

图 1.4　本书结构框图

第 2 章　基于 PDF 一致性的分布式贝叶斯滤波算法

在过去的 20 年中，分布式状态估计(DSE)由于其通信负担低、扩展性强、鲁棒性好等优点，在导航、制导、通信网络、智能电网和交通监管等实际应用中受到了广泛的关注，特别是分布式卡尔曼滤波方法，其突出的实时性优点使其在诸多领域发挥着关键作用[17, 26, 47-48, 121-124]。对于大多数实际系统，它们通常是非线性的，尤其是对于测量方程。因此，本章重点研究非线性分布式滤波问题。

2.1　引　　言

针对 DSE 问题，现有的主流方法是基于一致性的算法。例如，对于线性离散时间高斯系统，Olfati-Saber 等人利用平均一致性算法提出了分布式卡尔曼滤波器[14-17]。与线性分布式滤波算法不同，非线性分布式方法的设计依赖于更为具体的非线性滤波器，非线性系统的复杂性使得一些学者提出了许多具有不同性能的非线性滤波器。但是，目前大多数非线性分布式方法的本质仍然是先通过非线性滤波器实现本地状态的估计，再完成基于状态估计的一致性计算。从贝叶斯的观点来看，分布式非线性滤波器的关键应该是如何通过有限的邻域通信来逼近全局似然函数。因此，本章将在贝叶斯框架下研究非线性系统的 DSE 问题，提出一种基于概率密度函数(PDF)一致性的分布式滤波算法。本章的贡献点总结如下：

(1)采用一般的贝叶斯方法研究 DSE 问题，从信息论的角度考虑 PDF 的一致性，并建立基于 PDF 一致性的分布式贝叶斯滤波框架。

(2)在所提出的贝叶斯滤波框架下，利用容积积分法则，提出了一种新颖的 DCKF 算法。

(3)以高维度、强非线性的空间目标的协同定位为应用背景，以经典算法 DEKF[47] 和分布式容积信息滤波(Distributed Cubature Information Filter,

DCIF)算法[125]为横向对比对象，仿真验证了本章提出的 DCKF 算法的有效性及优越性。

本章结构如下：第 2.2 节给出分布式贝叶斯滤波问题和 PDF 一致性问题的数学描述；第 2.3 节给出分布式极大后验贝叶斯滤波框架并推导基于 PDF 一致性的分布式极大后验 CKF 算法；第 2.4 节以高维度、强非线性的空间目标的协同定位为应用背景，仿真验证本章所提算法的有效性；第 2.5 节对本章内容进行总结。

2.2　问题描述

在本节中，我们首先给出系统模型，并描述贝叶斯框架下的 DSE 问题，然后给出 PDF 的一致性描述。

2.2.1　贝叶斯框架下的 DSE 问题

针对如下非线性离散系统：

$$x_k = f(x_{k-1}) + w_k \tag{2.1}$$

其中：$x_k \in \mathbb{R}^n$ 和 $w_k \in \mathbb{R}^n$ 是均值为零、方差为 Q_k 的高斯过程噪声；$f(\cdot)$表示非线性状态方程。状态 x_k 可被 MAS 中的 N 个智能体观测，且智能体 i 的观测方程可以表示如下：

$$y_{i,k} = h_i(x_k) + v_{i,k} \tag{2.2}$$

其中：$y_{i,k} \in \mathbb{R}^{m_i}$ 是智能体 i 获得的观测量；噪声 $v_{i,k}$ 服从均值为零、方差为 $R_{i,k}$ 的高斯分布$\mathbb{N}(v_{i,k};0,R_{i,k})$；$h_i(\cdot)$表示非线性量测方程。本小节中，假设所有的智能体都是独立的。

智能体之间的通信可以用有向图$\mathcal{G}=\{\mathcal{V},\mathcal{E}\}$表示，其中$\mathcal{V}=\{1,2,\cdots,N\}$和$\mathcal{E}\subseteq\mathcal{V}\times\mathcal{V}$分别表示图的点集和边集。将图的邻接矩阵定义为由元素 a_{ij} 组成的矩阵$\mathcal{A}$，且 a_{ij} 满足 $a_{ii}>0, a_{ij}\geqslant 0, \sum_{j\in\mathcal{V}} a_{ij}=1$。如果 $a_{ij}>0, j\neq i$，那么$(j,i)\in\mathcal{E}$，也就是说，智能体 j 可以将信息传递给智能体 i，这种情形下，称智能体 j 是智能体 i 的邻居节点。反之，如果 $a_{ij}=0, j\neq i$，那么$(j,i)\notin\mathcal{E}$，也就是说，智能体 j 无法将信息传递给智能体 i。进一步，将所有可以将信息传到智能体 i 的节点称为 i 的入节点，并将这些节点的集合定义为 i 的入集 $\mathcal{N}_{i,\text{in}}\triangleq\{j\in\mathcal{V}|(j,i)\in\mathcal{E},\forall j\neq i\}$。同理，将所有能收到智能体 i 发出的信息的节点称为 i 的出节点，并将这些节点的集合定义为 i 的出集$\mathcal{N}_{i,\text{out}}\triangleq\{j\in\mathcal{V}|(i,j)\in\mathcal{E},\forall j\neq i\}$。特别

地，智能体 i 自身和其所有入节点的集合用 $\mathcal{N}_i \triangleq \mathcal{N}_{i,\text{in}} \cup \{i\}$ 表示。与多数分布式算法一样，本小节对图 $\mathcal{G}$ 做出如下假设。

假设 2.1：假设 $\mathcal{G}$ 是无向连通的，也就是说，若 $a_{ij}>0$，则 $a_{ji}>0$，且在任意两个智能体 i_0 和 i_l 之间总是存在一系列的智能体 $i_0, i_1, \cdots, i_l$，使得对于任意的 $1 \leqslant j \leqslant l$，都存在 $(i_{j-1}, i_j) \in \mathcal{E}$，也就是说，任意两个智能体 i_0 和 i_l 之间总存在直接或间接通信的路径。

定义全局量测为 $\boldsymbol{y}_k = [\boldsymbol{y}_{1,k}^{\mathrm{T}} \quad \boldsymbol{y}_{2,k}^{\mathrm{T}} \quad \cdots \quad \boldsymbol{y}_{N,k}^{\mathrm{T}}]^{\mathrm{T}}$，全局量测噪声的方差矩阵为 $\boldsymbol{R}_k = \mathrm{diag}(R_{1,k}, \cdots, R_{N,k})$。智能体 i 的本地量测值 $\boldsymbol{y}_{i,k}$ 和状态 x_k 之间的关系可以用局部似然函数 $p(\boldsymbol{y}_{i,k} | x_k)$ 描述。基于上述智能体之间相互独立的假设，全局量测和状态的全局似然函数 $p(\boldsymbol{y}_k | x_k)$ 可以用局部似然函数的乘积进行描述，即

$$p(\boldsymbol{y}_k \mid x_k) = \prod_{i=1}^{N} p(\boldsymbol{y}_{i,k} \mid x_k) \tag{2.3}$$

贝叶斯滤波的目的是计算后验分布 $p(x_k | \boldsymbol{y}_k)$，一般而言，总假设 k 时刻的状态 x_k 与过去的所有量测 $y_{1:k-1}$ 都无关，也就是说 $p(x_k | y_{1:k}) = p(x_k | \boldsymbol{y}_k)$，其中 $y_{1:k} \triangleq \{\boldsymbol{y}_1, \boldsymbol{y}_2, \cdots, \boldsymbol{y}_{k-1}, \boldsymbol{y}_k\}$ 代表从 1 时刻到 k 时刻所有量测值构成的集合。对于集中式的贝叶斯滤波而言，中心节点已知全局似然 $p(\boldsymbol{y}_k | x_k)$ 和全局量测 $\boldsymbol{y}_k$。高斯噪声条件下的贝叶斯滤波包括如下预测和更新两个步骤[126]：

(1)预测：k 时刻的状态预测 $\overline{x}_k$ 和其方差 $\overline{P}_k$ 可以通过 $k-1$ 时刻的后验估计得到：

$$\overline{x}_k = \int f(x_{k-1})\, \mathbb{N}(x_{k-1}; \hat{x}_{k-1}, P_{k-1})\, \mathrm{d}x_{k-1} \tag{2.4}$$

$$\overline{P}_k = \int [f(x_{k-1}) - \overline{x}_k][f(x_{k-1}) - \overline{x}_k]^{\mathrm{T}}\, \mathbb{N}(x_{k-1}; \hat{x}_{k-1}, P_{k-1})\, \mathrm{d}x_{k-1} + \boldsymbol{Q}_k \tag{2.5}$$

(2)更新：量测估计 $\hat{\boldsymbol{y}}_k$ 和其方差 $P_{yy,k}$ 可以表示为

$$\hat{\boldsymbol{y}}_k = \int h(x_k)\, \mathbb{N}(x_k; \overline{x}_k, \overline{P}_k)\, \mathrm{d}x_k \tag{2.6}$$

$$P_{yy,k} = \int [h(x_k) - \hat{\boldsymbol{y}}_k][h(x_k) - \hat{\boldsymbol{y}}_k]^{\mathrm{T}}\, \mathbb{N}(x_k; \overline{x}_k, \overline{P}_k)\, \mathrm{d}x_k + \boldsymbol{R}_k \tag{2.7}$$

进而得到量测和状态的互协方差为

$$P_{xy,k} = \int (x_k - \overline{x}_k)[h(x_k) - \hat{\boldsymbol{y}}_k]^{\mathrm{T}}\, \mathbb{N}(x_k; \overline{x}_k, \overline{P}_k)\, \mathrm{d}x_k \tag{2.8}$$

一旦得到新的全局量测 $\boldsymbol{y}_k$，就可以按照如下方式更新状态 $\hat{x}_k$ 和方差 P_k：

$$\hat{x}_k = \overline{x}_k + K_k(\boldsymbol{y}_k - \hat{\boldsymbol{y}}_k) \tag{2.9}$$

$$P_k = \overline{P}_k - K_k P_{yy,k} K_k \tag{2.10}$$

其中，滤波增益为

$$K_k = P_{xy,k} P_{yy,k}^{-1} \tag{2.11}$$

在贝叶斯滤波的过程中，积分项式(2.4)～式(2.8)的计算通常很复杂。不同的高斯积分近似方法可以得到不同非线性滤波算法，比如高斯-埃尔米特卡尔曼滤波(Gauss - Hermite Kalman Filter，GHKF)[126]、无迹卡尔曼滤波(UKF)[127]、容积卡尔曼滤波(CKF)[90]。

此外，上述贝叶斯滤波的过程式(2.4)～式(2.11)依赖于假设全局似然 $p(\boldsymbol{y}_k|x_k)$ 和全局量测 $\boldsymbol{y}_k$ 先验已知，但在本章的研究中，每个智能体只已知局部似然 $p(\boldsymbol{y}_{i,k}|x_k)$ 和局部量测 $\boldsymbol{y}_{i,k}$。因此，亟待研究一种分布式贝叶斯滤波算法来解决全局后验的估计问题。

2.2.2 PDF 的一致性描述

传统的一致性问题都是在欧式空间中进行描述的[128]，例如针对 n 维空间 $\mathbb{R}^n$ 中的点集的一个状态集 $\{x_1, x_2, \cdots, x_N\}$，各个点对应的权重系数为 $\{\pi_1, \pi_2, \cdots, \pi_N\}$，且满足

$$\pi_i \geqslant 0, \quad \sum_{i=1}^{N} \pi_i = 1 \tag{2.12}$$

那么在欧式空间中，这些状态的加权平均状态 $\tilde{x} = \sum_{i=1}^{N} \pi_i x_i$ 满足距离所有点的加权均方距离最小的变分性质，即

$$\tilde{x} = \arg\min_{x \in \mathbb{R}^n} \sum_{i=1}^{N} \pi_i \| x - x_i \|^2 \tag{2.13}$$

其中：$\|\cdot\|$ 表示欧几里得范数。但是，这种度量方法并不适用于贝叶斯滤波框架下后验分布的度量。因此，本小节引入 PDF 的一致性描述。

定义如下一个 $\mathbb{R}^n$ 空间的 PDF 集合：

$$\mathcal{P} \triangleq \left\{ p(x): \mathbb{R}^n \to \mathbb{R} \mid \int_{\mathbb{R}^n} p(x)\mathrm{d}x = 1, p(x) \geqslant 0, \forall x \in \mathbb{R}^n \right\} \tag{2.14}$$

假设在网络的每个智能体 i 中，都有一个 PDF $p_i \in \mathcal{P}$ 来表示某个随机向量 $\boldsymbol{x} \in \mathbb{R}^n$ 上的局部信息。这样的 PDF 可以通过统计推断获得，也可以是某些递归贝叶斯估计算法的结果(下面将讨论)。为了正式说明后验分布的平均一致性问题，首先要解决的重要问题是如何在给定智能体 i 的 PDF p_i 的情况下定义平均 PDF $\tilde{p}$。众所周知，度量 $\mathcal{P}$ 中两个 PDF $p(\cdot)$ 和 $q(\cdot)$ 之间的距离

有很多种方法。从信息论的角度来看，最典型的选择是库尔贝克-莱布勒散度(KLD)或相对熵，其定义为

$$D_{\mathrm{KL}}(p \parallel q)=\int p(x)\log\frac{p(x)}{q(x)}\mathrm{d}x \tag{2.15}$$

KLD有许多有意义的解释，例如，在贝叶斯统计中，它可以被看作从先验分布$q(\cdot)$移动到后验分布$p(\cdot)$时所获得的信息增益。值得注意的是，KLD可以看作空间$\mathcal{P}$中PDFp的欧几里得距离的二次方(事实上，它们都是Bregman散度的特例[129])。在此基础上参照欧式空间的加权平均定义式(2.13)，本小节给出的PDF加权平均的定义如下。

定义2.1：给定N个PDF$p_i\in\mathcal{P}$，其相应的权重系数π_i满足式(2.12)，那么它们的加权库尔贝克-莱布勒平均(KLA)定义如下：

$$\widetilde{p}=\arg\inf_{p\in\mathcal{P}}\sum_{i=1}^{N}\pi_i D_{\mathrm{KL}}(p \parallel p_i) \tag{2.16}$$

在该定义下，参考文献[47]给出的KLA的计算方法如下：

$$\widetilde{p}=\frac{\prod_{i=1}^{N}[p_i(x)]^{\pi_i}}{\int\prod_{i=1}^{N}[p_i(x)]^{\pi_i}\mathrm{d}x} \tag{2.17}$$

此外，对于智能体i而言，经过与分布式网络中邻居节点的一致性迭代计算

$$p_i^{(s)}(x)=\bigoplus_{j\in\mathcal{N}_i}[a_{ij}\odot p_j^{(s-1)}(x)] \tag{2.18}$$

便能保证智能体i的局部PDF收敛至KLA，即

$$\lim_{l\to\infty}p_i^{(s)}(x)=\widetilde{p},\quad \forall i\in\mathcal{N} \tag{2.19}$$

其中：$s=1,2,\cdots$表示迭代次数；a_{ij}是邻接矩阵的元素；自定义的运算符$\oplus$和$\odot$分别表示如下运算规则：

$$\left.\begin{aligned}p(x)\oplus q(x)&=\frac{p(x)q(x)}{\int p(x)q(x)\mathrm{d}x}\\a_{i,j}\odot p(x)&=\frac{[p(x)]^{a_{ij}}}{\int[p(x)]^{a_{ij}}\mathrm{d}x}\end{aligned}\right\} \tag{2.20}$$

当PDF形式不同时，其具体计算过程差异明显。鉴于研究较多的高斯分布、伯努利分布、泊松分布等一些常用分布，都可以用如下指数分布族的形式来描述：

$$p(\theta) = h(\theta)\exp\{\boldsymbol{\lambda}^{\mathrm{T}} u(\theta) - A_g(\lambda)\} \tag{2.21}$$

其中：λ 为自然参数；函数 $h(\cdot)$ 表示底层观测；函数 $A(\cdot)$ 表示 log -正则化项[130]；$u(\theta)$ 表示充分统计量。参考文献[131]给出了一种指数分布族下的 PDF 一致性的算法。

引理 2.1：针对分布式网络 $\mathcal{G}=(\mathcal{V},\mathcal{E},\mathcal{A})$，PDF $p_i^{(s)}(x)=f(x;\lambda_i^{(s)})$，$\forall i \in \mathcal{N}$ 服从指数分布族。那么迭代式(2.18)可写作：

$$\lambda_i^{(s)} = \sum_{j \in \mathcal{N}_i} a_{ij,k} \lambda_j^{(s-1)}, \quad s = 1,2,\cdots \tag{2.22}$$

引理 2.1 的详细证明见参考文献[131]。

2.3 基于 PDF 一致性的分布式极大后验估计

本节以 PDF 一致性为基础，首先推导分布式极大后验贝叶斯滤波，然后利用容积积分规则，提出一种极大后验分布式容积卡尔曼滤波算法。

2.3.1 分布式极大后验贝叶斯滤波

在贝叶斯滤波的过程式(2.4)～式(2.11)中，全局后验分布可表示为

$$p(x_k \mid \boldsymbol{y}_k) = \frac{1}{\tilde{c}} p(x_k \mid \boldsymbol{y}_{k-1}) p(\boldsymbol{y}_k \mid x_k) = \frac{1}{\tilde{c}} p(x_k \mid \boldsymbol{y}_{k-1}) \prod_{i=1}^{N} p(\boldsymbol{y}_{i,k} \mid x_k) \tag{2.23}$$

其中：$\tilde{c} = \int p(x_k \mid \boldsymbol{y}_{k-1}) p(\boldsymbol{y}_k \mid x_k) \mathrm{d}x_k$ 为分布的正则化项，且预测分布为 $p(x_k \mid \boldsymbol{y}_{k-1}) = \mathbb{N}(\bar{x}_k, \bar{P}_k)$，似然函数为 $p(\boldsymbol{y}_{i,k} \mid x_k) = \mathbb{N}[h_i(x_k), R_{i,k}]$。在高斯噪声的假设下，代入高斯分布的具体形式，并对式(2.23) 两侧取对数可得

$$\begin{aligned} p(x_k \mid \boldsymbol{y}_k) &= \log \frac{1}{\tilde{c}} + \log p(x_k \mid \boldsymbol{y}_{k-1}) + \sum_{i=1}^{N} \log p(\boldsymbol{y}_{i,k} \mid x_k) \\ &= \log \frac{1}{\tilde{c}} + \log \frac{1}{\sqrt{(2\pi)^n \mid \bar{P}_k \mid}} + \sum_{i=1}^{N} \log \frac{1}{\sqrt{(2\pi)^{m_i} \mid R_{i,k} \mid}} - \\ &\quad \frac{1}{2}(x_k - \bar{x}_k)^{\mathrm{T}} \bar{P}_k^{-1} (x_k - \bar{x}_k) - \\ &\quad \frac{1}{2} \sum_{i=1}^{N} [\boldsymbol{y}_{i,k} - h_i(x_k)]^{\mathrm{T}} R_{i,k}^{-1} [\boldsymbol{y}_{i,k} - h_i(x_k)] \end{aligned} \tag{2.24}$$

整理式(2.24)中的项，可得

$$\log p(x_k \mid \boldsymbol{y}_k) = \widetilde{C} + \frac{1}{N}\sum_{i=1}^{N}\Big\{-\frac{1}{2}(x_k - \overline{x}_k)^{\mathrm{T}}\overline{P}_k^{-1}(x_k - \overline{x}_k) - \frac{1}{2}N[\boldsymbol{y}_{i,k} - h_i(x_k)]^{\mathrm{T}}R_{i,k}^{-1}[\boldsymbol{y}_{i,k} - h_i(x_k)]\Big\} \tag{2.25}$$

其中：$\widetilde{C}$ 为与 x_k 无关的常数项。根据最大后验方法，问题可转化为

$$\max_{x_k} F_k(x_k) = \frac{1}{N}\sum_{i=1}^{N} - f_{i,k}(x_k) \tag{2.26}$$

其中：$F_k(x_k)$表示全局损失函数；局部损失函数 $f_{i,k}(x_k)$具体表示为

$$f_{i,k}(x_k) = \frac{1}{2}(x_k - \overline{x}_k)^{\mathrm{T}}\overline{P}_k^{-1}(x_k - \overline{x}_k) + \frac{1}{2}N[\boldsymbol{y}_{i,k} - h_i(x_k)]^{\mathrm{T}}R_{i,k}^{-1}[\boldsymbol{y}_{i,k} - h_i(x_k)] \tag{2.27}$$

容易看出，最优化问题式(2.26) 可以等价为

$$\min_{x_k} \frac{1}{N}\sum_{i=1}^{N} f_{i,k}(x_k) \tag{2.28}$$

令 x_k^* 表示问题式(2.26)的全局最优解，$x_{i,k}^*$表示最小化局部损失函数 $f_{i,k}(x_{i,k})$ 的局部最优解，那么全局与局部之间通常满足如下关系：

$$\frac{1}{N}\sum_{i=1}^{N} f_{i,k}(x_k^*) \geqslant \frac{1}{N}\sum_{i=1}^{N} f_{i,k}(x_{i,k}^*) \tag{2.29}$$

当且仅当 $x_k^* = x_{i,k}^*$时，上式取等号，但这通常不成立。因此，不能直接通过某个 $x_{i,k}^*$去逼近 x_k^*，但可通过平均所有的局部最优解去逼近整个网络的全局最优解。也就是说，可利用一致性方法构造分布式估计算法。将局部损失函数 $f_{i,k}$对 x_k 求导，可得

$$\begin{aligned}\nabla_{x_k} f_{i,k} &\approx \overline{P}_k^{-1}(x_k - \overline{x}_k) + N\boldsymbol{H}_{i,k}^{\mathrm{T}}R_{i,k}[h_i(\overline{x}_k) - \boldsymbol{y}_{i,k} + \boldsymbol{H}_{i,k}x_k - \boldsymbol{H}_{i,k}\overline{x}_k] \\ &= (\overline{P}_k^{-1} + N\boldsymbol{H}_{i,k}^{\mathrm{T}}R_{i,k}^{-1}\boldsymbol{H}_{i,k})(x_k - \overline{x}_k) + N\boldsymbol{H}_{i,k}^{\mathrm{T}}R_{i,k}^{-1}[h_i(\overline{x}_k) - \boldsymbol{y}_{i,k}]\end{aligned} \tag{2.30}$$

利用泰勒展开近似 $h_i(x_k) \approx h_i(\overline{x}) + \boldsymbol{H}_{i,k}(x_k - \overline{x}_k)$，其中 $\boldsymbol{H}_{i,k} = \frac{\partial h_i(x_k)}{\partial x_k}\big|_{x_k=\overline{x}_k}$。为了得到智能体 i 的估计值 $\check{x}_{i,k}$，可令$\nabla_{x_k} f_{i,k}$为零，在此条件下可得

$$\check{x}_{i,k} = \overline{x}_k + N(\overline{P}_k^{-1} + N\boldsymbol{H}_{i,k}^{\mathrm{T}}R_{i,k}^{-1}\boldsymbol{H}_{i,k})^{-1}\boldsymbol{H}_{i,k}^{\mathrm{T}}R_{i,k}^{-1}[\boldsymbol{y}_{i,k} - h_i(\overline{x}_k)] \tag{2.31}$$

根据矩阵求逆引理，可得

$$\begin{aligned}N(\overline{P}_k^{-1} + N\boldsymbol{H}_{i,k}^{\mathrm{T}}R_{i,k}\boldsymbol{H}_{i,k})^{-1}\boldsymbol{H}_{i,k}^{\mathrm{T}}R_{i,k}^{-1} &= (I + N\overline{P}_k\boldsymbol{H}_{i,k}^{\mathrm{T}}R_{i,k}\boldsymbol{H}_{i,k})^{-1}N\overline{P}_k\boldsymbol{H}_{i,k}^{\mathrm{T}}R_{i,k}^{-1} \\ &= N\overline{P}_k\boldsymbol{H}_{i,k}^{\mathrm{T}}(N\boldsymbol{H}_{i,k}\overline{P}\boldsymbol{H}_{i,k}^{\mathrm{T}} + R_{i,k})^{-1}\end{aligned} \tag{2.32}$$

将式(2.32)代入式(2.31),可得初始状态估计如下:

$$\check{x}_{i,k}^{(0)} = \bar{x}_k + N\bar{P}_k\boldsymbol{H}_{i,k}^{\mathrm{T}}(N\boldsymbol{H}_{i,k}\bar{P}\boldsymbol{H}_{i,k}^{\mathrm{T}} + R_{i,k})^{-1}[\boldsymbol{y}_{i,k} - h_i(\bar{x}_k)] \tag{2.33}$$

此外,初始估计误差方差可根据下式计算:

$$\check{P}_{i,k}^{(0)} = \bar{P}_k + \boldsymbol{P}_{i,xy,k}\boldsymbol{P}_{i,yy,k}^{-1}\boldsymbol{P}_{i,xy,k}^{\mathrm{T}} \tag{2.34}$$

其中

$$\boldsymbol{P}_{i,yy,k} = N\boldsymbol{H}_{i,k}\bar{P}\boldsymbol{H}_{i,k}^{\mathrm{T}} + R_{i,k} \tag{2.35}$$

$$\boldsymbol{P}_{i,xy,k} = N\bar{P}_k\boldsymbol{H}_{i,k}^{\mathrm{T}} \tag{2.36}$$

注释 2.1:从式(2.35)和式(2.36)可以看出,在分布式网络中,智能体 i 仅需要全局信息 N 便可以在本地计算 $\boldsymbol{P}_{i,yy,k}$ 和 $\boldsymbol{P}_{i,xy,k}$,此外,$\boldsymbol{P}_{i,yy,k}$ 和 $\boldsymbol{P}_{i,xy,k}$ 的形式也与标准的卡尔曼滤波算法有所不同。而当 $N=1$ 时,智能体 i 的局部计算式(2.33)～式(2.36)便会退化成标准形式的卡尔曼滤波。

根据式(2.33)～式(2.36),智能体 i 便得到了其局部最优解 $\check{x}_{i,k}$ 和 $\check{P}_{i,k}$。在高斯噪声的假设条件下,智能体 i 的局部后验概率分布可以表示为$\mathbb{N}(\check{x}_{i,k},\check{P}_{i,k})$。若采用指数分布族的形式表示,其自然参数可表示为 $\lambda_i = \left[\check{P}_i^{-1}\check{x}_i, -\frac{1}{2}\check{P}_i^{-1}\right]^{\mathrm{T}}$[130]。此后,利用分布式网络中的 PDF 的一致性计算方法式(2.16)～式(2.20)和引理 2.1,通过与邻居节点间的一致性迭代计算便能保证智能体 i 的局部后验概率分布逼近全局后验概率分布式(2.23),其具体计算方式如下:

$$(\check{P}_{i,k}^{(s)})^{-1}\check{x}_{i,k}^{(s)} = \sum_{j\in\mathcal{N}_i} a_{ij,k}(\check{P}_{j,k}^{(s-1)})^{-1}\check{x}_{j,k}^{(s-1)} \tag{2.37}$$

$$(\check{P}_{i,k}^{(s)})^{-1} = \sum_{j\in\mathcal{N}_i} a_{ij,k}(\check{P}_{j,k}^{(s-1)})^{-1} \tag{2.38}$$

其中:$s=1,2,\cdots,S$ 表示一致性迭代次数。经过一致性迭代计算后,智能体 i 的最终估计为

$$(P_{i,k})^{-1} = (\check{P}_{i,k}^{(S)})^{-1} \tag{2.39}$$

$$\hat{x}_{i,k} = (P_{i,k})^{-1}(\check{P}_i^{(S)})^{-1}\check{x}_i^{(S)} \tag{2.40}$$

本小节给出了基于 PDF 一致性的分布式极大后验估计,在贝叶斯滤波框架下 $\boldsymbol{P}_{i,yy,k}$ 和 $\boldsymbol{P}_{i,xy,k}$ 需要根据式(2.7)和式(2.8)进行复杂的积分运算。下一小节将结合容积积分规则和 CKF 框架,解决这一高斯积分近似问题并提出基于 PDF 一致性的极大后验分布式容积卡尔曼滤波算法。

2.3.2 基于 PDF 一致性的极大后验分布式容积卡尔曼滤波算法

考虑动力学方程式(2.1)和量测方程式(2.2),假设智能体 i 在 $k-1$ 时刻的最优后验估计为 $p(x_{k-1}\mid y_{i,k-1})=\mathbb{N}(\hat{x}_{i,k-1},P_{i,k-1})$,局部似然为 $p(y_{i,k}\mid x_k)$,那么其 k 时刻的预测分布 $p(x_k\mid y_{i,k-1})=\mathbb{N}(\bar{x}_{i,k},\bar{P}_{i,k})$ 可根据经典的 CKF 算法在局部得到[90]。智能体 i 在 k 时刻具体步骤如下。

(1)时间更新。

1)计算容积点,公式为

$$\chi_{i,m,k-1}=\boldsymbol{S}_{i,k-1}\xi_m+\hat{x}_{i,k-1} \tag{2.41}$$

其中:$\boldsymbol{S}_{i,k-1}$ 是 $P_{i,k-1}$ 的平方根矩阵,即 $P_{i,k-1}=\boldsymbol{S}_{i,k-1}\boldsymbol{S}_{i,k-1}^{\mathrm{T}}$;$\xi_m$ 表示采样矩阵的第 $m(m=1,2,\cdots,2n_x)$ 列。采样矩阵的具体表示为

$$\boldsymbol{\xi}=\begin{bmatrix}1 & 0 & \cdots & 0 & -1 & 0 & \cdots & 0\\ 0 & 1 & \cdots & 0 & 0 & -1 & \cdots & 0\\ \vdots & \vdots & & \vdots & \vdots & \vdots & & \vdots\\ 0 & 0 & \cdots & 1 & 0 & 0 & \cdots & -1\end{bmatrix}_{n_x\times 2n_x} \tag{2.42}$$

其中:n_x 表示状态 x_k 的维度。

2)容积点传播的表达式为

$$\boldsymbol{\chi}_{i,m,k}^{*}=f(\chi_{i,m,k-1}) \tag{2.43}$$

其中:$f(\cdot)$ 表示系统的动力学方程式(2.1)。

3)计算预测状态和预测误差方差,表达式分别为

$$\bar{\boldsymbol{x}}_{i,k}=\frac{1}{2n_x}\sum_{m=1}^{2n_x}\boldsymbol{\chi}_{i,m,k}^{*} \tag{2.44}$$

$$\bar{P}_{i,k}=\frac{1}{2n_x}\sum_{m=1}^{2n_x}\boldsymbol{\chi}_{i,m,k}^{*}\boldsymbol{\chi}_{i,m,k}^{*\mathrm{T}}-\bar{\boldsymbol{x}}_{i,k}\bar{\boldsymbol{x}}_{i,k}^{\mathrm{T}}+Q_{k-1} \tag{2.45}$$

(2)量测预测。

1)计算容积点,公式为

$$\zeta_{i,m,k-1}=\bar{\boldsymbol{S}}_{i,k}\xi_m+\bar{\boldsymbol{x}}_{i,k} \tag{2.46}$$

其中:$\bar{\boldsymbol{S}}_{i,k}$ 表示 $\bar{P}_{i,k}$ 的平方根,即 $\bar{P}_{i,k}=\bar{\boldsymbol{S}}_{i,k}\bar{\boldsymbol{S}}_{i,k}^{\mathrm{T}}$。

2)容积点的量测传播,表达式为

$$\bar{\boldsymbol{Y}}_{i,m,k}=h_i(\zeta_{i,m,k-1}) \tag{2.47}$$

其中:$h_i(\cdot)$ 表示智能体 i 的量测方程式(2.2)。

3)计算预测量测值,表达式为

$$\bar{\boldsymbol{y}}_{i,k}=\frac{1}{2n_x}\sum_{m=1}^{2n_x}\bar{\boldsymbol{Y}}_{i,m,k} \tag{2.48}$$

(3)局部状态和估计误差更新。

1)计算滤波增益,表达式为

$$K_{i,k}=\boldsymbol{P}_{i,k,xy}\boldsymbol{P}_{i,k,yy}^{-1} \tag{2.49}$$

其中:$\boldsymbol{P}_{i,k,xy}$ 和 $\boldsymbol{P}_{i,k,yy}^{-1}$ 分别表示智能体 i 的局部新息方差和局部状态量测互协方差。不同于标准的 CKF,在分布式极大后验贝叶斯滤波框架下,二者可根据式(2.35)和式(2.36)具体表示为

$$\boldsymbol{P}_{i,yy,k}=N\left[\frac{1}{2n_x}\sum_{m=1}^{2n_x}\bar{\boldsymbol{Y}}_{i,m,k}\bar{\boldsymbol{Y}}_{i,m,k}^{\mathrm{T}}-\bar{\boldsymbol{y}}_{i,k}\bar{\boldsymbol{y}}_{i,k}^{\mathrm{T}}\right]+R_{i,k} \tag{2.50}$$

$$\boldsymbol{P}_{i,xy,k}=N\left[\frac{1}{2n_x}\sum_{m=1}^{2n_x}\zeta_{i,m,k-1}\bar{\boldsymbol{Y}}_{i,m,k}^{\mathrm{T}}-\bar{\boldsymbol{x}}_{i,k}\bar{\boldsymbol{y}}_{i,k}^{\mathrm{T}}\right] \tag{2.51}$$

2)计算局部后验分布。在分布式极大后验贝叶斯滤波框架下,根据式(2.33)和式(2.34)得到初始局部后验分布如下:

$$\check{x}_{i,k}^{(0)}=\bar{\boldsymbol{x}}_{i,k}+K_{i,k}(\boldsymbol{y}_{i,k}-\bar{\boldsymbol{y}}_{i,k}) \tag{2.52}$$

$$\check{\boldsymbol{P}}_{i,k}^{(0)}=\bar{\boldsymbol{P}}_k+K_{i,k}\boldsymbol{P}_{i,k,xy}^{\mathrm{T}} \tag{2.53}$$

(4)基于 PDF 一致性的迭代更新。不同于传统集中式的 CKF 方法,在分布式网络中,智能体 i 通过与邻居节点通信,根据式(2.37)和式(2.38)实现基于 PDF 一致性的迭代更新如下:

$$(\check{P}_{i,k}^{(s)})^{-1}\check{x}_{i,k}^{(s)}=\sum_{j\in\mathcal{N}_i}a_{ij,k}(\check{P}_{j,k}^{(s-1)})^{-1}\check{x}_{j,k}^{(s-1)} \tag{2.54}$$

$$(\check{P}_{i,k}^{(s)})^{-1}=\sum_{j\in\mathcal{N}_i}a_{ij,k}(\check{P}_{j,k}^{(s-1)})^{-1} \tag{2.55}$$

其中:$s=1,2,\cdots,S$ 表示一致性迭代步数。

经过一致性迭代计算后,智能体 i 的最终估计可以表示为

$$(P_{i,k})^{-1}=(\check{P}_{i,k}^{(S)})^{-1},\quad \hat{x}_{i,k}=(P_{i,k})^{-1}(\check{P}_{i,k}^{(S)})^{-1}\check{x}_{i,k}^{(S)} \tag{2.56}$$

如式(2.19)所示,当迭代次数 $S\to\infty$ 时,局部 PDF 能收敛至全局平均 PDF。也就是说,经过足够多的一致性迭代计算,智能体 i 在 k 时刻的最优后验估计 $p(x_k\mid y_{i,k})=\mathbb{N}(\hat{x}_{i,k},P_{i,k})$ 能收敛至全局后验概率分布 $p(x_k\mid y_k)$。此外,参考文献[47]已经证明了对于线性高斯系统,在网络连通性和系统可观察性的假设条件下,PDF 一致性算法对于任意迭代次数 S,都能保证网络内所有节点的估计误差方差是有界的。因此,在实际操作过程中,只需根据实际需求

任意设置 S 进行有限次的一致性迭代计算即可。表 2.1 给出了本章提出的 DCKF 的主要步骤。

表 2.1　本章提出的 DCKF 的主要步骤

时间更新：

$$\chi_{i,m,k-1}=\boldsymbol{S}_{i,k-1}\xi_m+\hat{x}_{i,k-1},$$

$$\boldsymbol{\chi}^{*}_{i,m,k}=f(\chi_{i,m,k-1}),$$

$$\bar{\boldsymbol{x}}_{i,k}=\frac{1}{2n_x}\sum_{m=1}^{2n_x}\boldsymbol{\chi}^{*}_{i,m,k},$$

$$\bar{P}_{i,k}=\frac{1}{2n_x}\sum_{m=1}^{2n_x}\boldsymbol{\chi}^{*}_{i,m,k}\boldsymbol{\chi}^{*\mathrm{T}}_{i,m,k}-\bar{\boldsymbol{x}}_{i,k}\bar{\boldsymbol{x}}^{\mathrm{T}}_{i,k}+Q_{k-1}。$$

量测预测：

$$\zeta_{i,m,k-1}=\bar{\boldsymbol{S}}_{i,k}\xi_m+\bar{\boldsymbol{x}}_{i,k},$$

$$\bar{\boldsymbol{Y}}_{i,m,k}=h_i(\zeta_{i,m,k-1}),$$

$$\bar{\boldsymbol{y}}_{i,k}=\frac{1}{2n_x}\sum_{m=1}^{2n_x}\bar{\boldsymbol{Y}}_{i,m,k}。$$

局部状态和估计误差更新：

$$\boldsymbol{P}_{i,yy,k}=N\Big[\frac{1}{2n_x}\sum_{m=1}^{2n_x}\bar{\boldsymbol{Y}}_{i,m,k}\bar{\boldsymbol{Y}}^{\mathrm{T}}_{i,m,k}-\bar{\boldsymbol{y}}_{i,k}\bar{\boldsymbol{y}}^{\mathrm{T}}_{i,k}\Big]+R_{i,k},$$

$$\boldsymbol{P}_{i,xy,k}=N\Big[\frac{1}{2n_x}\sum_{m=1}^{2n_x}\zeta_{i,m,k-1}\bar{\boldsymbol{Y}}^{\mathrm{T}}_{i,m,k}-\bar{\boldsymbol{x}}_{i,k}\bar{\boldsymbol{y}}^{\mathrm{T}}_{i,k}\Big],$$

$$K_{i,k}=\boldsymbol{P}_{i,k,xy}\boldsymbol{P}^{-1}_{i,k,yy},$$

$$\check{x}^{(0)}_{i,k}=\bar{\boldsymbol{x}}_{i,k}+K_{i,k}(\boldsymbol{y}_{i,k}-\bar{\boldsymbol{y}}_{i,k}),$$

$$\check{\boldsymbol{P}}^{(0)}_{i,k}=\bar{\boldsymbol{P}}_k+K_{i,k}\boldsymbol{P}^{\mathrm{T}}_{i,k,xy}。$$

基于 PDF 一致性的迭代更新：

$$(\check{P}^{(s)}_{i,k})^{-1}\check{x}^{(s)}_{i,k}=\sum_{j\in\mathcal{N}_i}a_{ij,k}(\check{P}^{(s-1)}_{j,k})^{-1}\check{x}^{(s-1)}_{j,k},\quad s=1,2,\cdots,S,$$

$$(\check{P}^{(s)}_{i,k})^{-1}=\sum_{j\in\mathcal{N}_i}a_{ij,k}(\check{P}^{(s-1)}_{j,k})^{-1},\quad s=1,2,\cdots,S。$$

计算估计值 $\hat{x}_{i,k}$ 和估计误差方差 $P_{i,k}$：

$$(P_{i,k})^{-1}=(\check{P}^{(S)}_{i,k})^{-1},\quad \hat{x}_{i,k}=(P_{i,k})^{-1}(\check{P}^{(S)}_{i,k})^{-1}\check{x}^{(S)}_{i,k}。$$

注释 2.2：相比于参考文献[47]所提出的分布式扩展卡尔曼滤波

(DEKF)，本节提出的算法无须对系统的动力学方程式(2.1)和量测方程式(2.2)进行复杂的线性化计算，尤其是在面对复杂的非线性系统时，本节提出的算法更具优越性。此外，相比于参考文献[125]所提出的分布式容积信息滤波(DCIF)，本节提出的算法仅需先验已知网络节点总个数 N 这个全局信息，而 DCIF 算法还需要系统的最大节点度 Δ_{max}。而且，由于 Δ_{max} 会随着通信拓扑结构的变化而实时变化，因此在实际应用中较难实时获取。

2.4　仿真验证与分析

为了检验本章提出的 DCKF 算法在面对复杂高维非线性系统时的有效性，本节将以空间非合作目标协同跟踪问题为背景，开展仿真验证与分析。

2.4.1　场景想定

假设我方 6 颗在轨观测卫星，通过其自身携带的光电载荷对非合作的空间目标进行观测。假定我方卫星仅能获得目标的角度信息，此外，6 颗卫星之间存在一个无向连通的通信链路，以合作完成对目标的定位跟踪。我方观测卫星和非合作目标在任务开始时刻的轨道六根数(半长轴 a，偏心率 e，轨道倾角 i，升交点赤经 Ω，近地点幅角 ω，真近点角 f)如表 2.2 所示。

表 2.2　我方观测卫星和非合作目标的轨道六根数

卫　星	参　数					
	a/km	e	i/rad	Ω/rad	ω/rad	f/rad
非合作目标	8 667.13	0	1.29	0.25	0	0.92
1 号观测卫星	9 067.13	0	1.29	2.24	0	0.92
2 号观测卫星	8 067.10	0	1.29	1.59	0	0.33
3 号观测卫星	8 667.13	0	1.29	1.81	0	0.78
4 号观测卫星	8 467.13	0	1.29	2.03	0	1.23
5 号观测卫星	8 267.13	0	1.29	1.55	0	1.69
6 号观测卫星	9 067.13	0	1.29	1.54	0	1.97

本小节利用 STK 软件构建了上述想定场景，空间非合作目标协同跟踪场景如图 2.1 所示，图中 Satellite 1～Satellite 6 分别代表 1～6 号观测卫星，

Target 代表非合作目标，虚线代表观测卫星可对非合作目标实施的观测，实线则代表观测卫星间的通信链路。

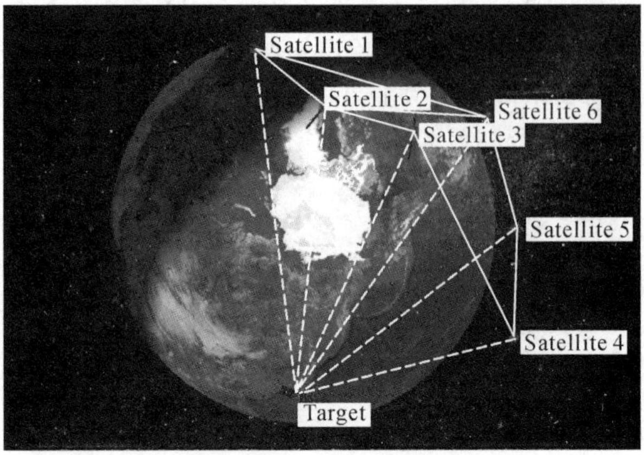

图 2.1　空间非合作目标协同跟踪场景

2.4.2　卫星运动模型和天基仅测角量测模型

在分析空间目标的轨道时，通常将其简化建模为仅考虑地球引力的二体运动模型[132]，但本节为了检验算法在面对复杂高维非线性系统时的有效性，进一步考虑了更为复杂的 J_2 项地球非球形摄动的影响[133]，在此前提下，非合作目标的运动模型可以表示为

$$\left.\begin{aligned}\ddot{r}_x&=-\frac{\mu}{|\boldsymbol{r}|^3}r_x+\frac{\mu r_x R_e^2 J_2}{|\boldsymbol{r}|^5}\left(7.5\frac{r_z^2}{|\boldsymbol{r}|^2}-1.5\right)\\\ddot{r}_y&=-\frac{\mu}{|\boldsymbol{r}|^3}r_y+\frac{\mu r_y R_e^2 J_2}{|\boldsymbol{r}|^5}\left(7.5\frac{r_z^2}{|\boldsymbol{r}|^2}-1.5\right)\\\ddot{r}_z&=-\frac{\mu}{|\boldsymbol{r}|^3}r_z+\frac{\mu r_z R_e^2 J_2}{|\boldsymbol{r}|^5}\left(7.5\frac{r_z^2}{|\boldsymbol{r}|^2}-1.5\right)\end{aligned}\right\}\tag{2.57}$$

其中：$\boldsymbol{r}=[r_x\quad r_y\quad r_z]^{\mathrm{T}}$ 为目标在地心惯性系内的位置矢量，$|\boldsymbol{r}|=\sqrt{r_x^2+r_y^2+r_z^2}$；$R_e$ 为地球半径；J_2 为带谐项；μ 为引力常数。令 $\boldsymbol{x}_k=[r_{x,k}\quad r_{y,k}\quad r_{z,k}\quad \dot{r}_{x,k}\quad \dot{r}_{y,k}\quad \dot{r}_{z,k}]^{\mathrm{T}}$ 表示目标在 k 时刻的状态，该状态可实现与轨道六根数的等价相互转化[132]。结合式(2.57)，可以得到如下目标动力学描述：

$$x_{k+1}=\boldsymbol{x}_k+\int_{t=t_k}^{t=t_{k+1}}g(x(t))\mathrm{d}t+w_k\tag{2.58}$$

其中：w_k 表示零均值的过程噪声，且 $g(x(t))$ 在 k 时刻的具体形式为

$$g(x(t)) = \begin{bmatrix} \dot{r}_x(t) \\ \dot{r}_y(t) \\ \dot{r}_z(t) \\ -\frac{\mu}{|r(t)|^3} r_x(t) + \frac{\mu r_x(t) R_e^2 J_2}{|r(t)|^5}\left[7.5 \frac{r_z(t)^2}{|r(t)|^2} - 1.5\right] \\ -\frac{\mu}{|r(t)|^3} r_y(t) + \frac{\mu r_y(t) R_e^2 J_2}{|r(t)|^5}\left[7.5 \frac{r_z(t)^2}{|r(t)|^2} - 1.5\right] \\ -\frac{\mu}{|r(t)|^3} r_z(t) + \frac{\mu r_z(t) R_e^2 J_2}{|r(t)|^5}\left[7.5 \frac{r_z(t)^2}{|r(t)|^2} - 1.5\right] \end{bmatrix} \tag{2.59}$$

不难看出，卫星的动力学描述是一个 6 维并具有极强非线性的系统方程，若采用参考文献[47] 所提出的 DEKF 算法，还需利用泰勒展开的方式对上述方程进行线性化处理，不可避免地需要计算 $\frac{\partial g(x(t))}{\partial x}\Big|_{t=t_k}$，该计算过程复杂且容易出错。相比之下，本章提出的 DCKF 算法只需要利用四阶龙格-库塔(Runge－Kutta) 方法便能准确且高精度地完成式(2.58)的计算。

根据场景想定，观测卫星采用无源被动测角的方式对目标进行量测，其量测方位角 α 和俯仰角 β 的表达式如下：

$$\alpha = \arctan\left(\frac{\delta y_s}{\delta x_s}\right) \tag{2.60}$$

$$\beta = \arctan\left(\frac{\delta z_s}{\sqrt{\delta x_s^2 + \delta y_s^2}}\right) \tag{2.61}$$

其中：(x_s, y_s, z_s)表示目标在观测卫星量测质心轨道坐标系内的相对位置矢量。该矢量可利用目标在地心惯性坐标下的绝对位置矢量转化得到，具体转化过程参考参考文献[132]。引入零均值的高斯量测噪声 v_i 后，第 i 颗观测卫星的量测方程可以表示为

$$y_{i,k} = h_i(x_k) + v_{i,k} \tag{2.62}$$

2.4.3　仿真结果分析

假设量测噪声 $v_{i,k} \sim \mathbb{N}(0, R_{i,k})$，其中方差 $R_{i,k}$ 的选取取决于不同的测量方式。令过程噪声 $w_k \sim \mathbb{N}(0, Q_k)$，方差 $Q_k = \mathrm{diag}\{10^{-6}\,(\mathrm{km})^2, 10^{-6}\,(\mathrm{km})^2, 10^{-6}\,(\mathrm{km})^2, 100\,(\mathrm{m/s})^2, 100\,(\mathrm{m/s})^2, 100\,(\mathrm{m/s})^2\}$。假定目标状态的初始估

计根据分布$\mathbb{N}(x_0, P_0)$随机产生，其中 $P_0=\text{diag}\{10^4\ (\text{km})^2, 10^4\ (\text{km})^2, 10^4\ (\text{km})^2, 10^4\ (\text{m/s})^2, 10^4\ (\text{m/s})^2, 10^4\ (\text{m/s})^2\}$，$\boldsymbol{x}_0=[4.36\times10^3\ \text{km}\quad 3.13\times10^3\ \text{km}\quad 6.61\times10^3\ \text{km}\quad -5.5\times10^3\ \text{m/s}\quad -0.21\times10^3\ \text{m/s}\quad 3.95\times10^3\ \text{m/s}]^{\text{T}}$。设定采样间隔 $T=1$ s，仿真总步长为 300 步，进行 50 次蒙特卡洛仿真。

为了比较不同滤波算法的性能，本节以全局均方误差（Mean Square Error, MSE）作为主要性能指标，全局 MSE 的定义如下：

$$\text{MSE}_k=\frac{1}{N}\sum_{i=1}^{N}\left[\frac{1}{N_{\text{ment}}}\sum_{j=1}^{N_{\text{ment}}}(\hat{x}_{i,k}^{(j)}-x_k)^{\text{T}}(\hat{x}_{i,k}^{(j)}-x_k)\right] \tag{2.63}$$

其中：N_{ment}表示蒙特卡洛仿真次数。同理，各个观测卫星的局部 MSE 定义为

$$\text{MSE}_{i,k}=\frac{1}{N_{\text{ment}}}\sum_{j=1}^{N_{\text{ment}}}(\hat{x}_{i,k}^{(j)}-x_k)^{\text{T}}(\hat{x}_{i,k}^{(j)}-x_k) \tag{2.64}$$

下面将在 3 个不同的场景下，对比本章提出的 DCKF 算法、参考文献[47]提出的 DEKF 算法以及参考文献[125]提出的 DCIF 算法之间的性能。

算例 2.1：此情形下，假设 6 颗观测卫星之间的通信拓扑是固定的（见图 2.2），图中节点 $S_1\sim S_6$分别代表 1～6 号观测卫星，节点间的实线连接代表观测卫星间可以相互传递信息。此外，假设所有的观测卫星均可同时获得目标的方位角和俯仰角信息。量测噪声的方差设置为 $R_{i,k}=i\times\text{diag}\{1\ (\text{mrad})^2, 1\ (\text{mrad})^2\}(i=1,2,\cdots,6)$，一致性迭代次数设置为 $S=1$。

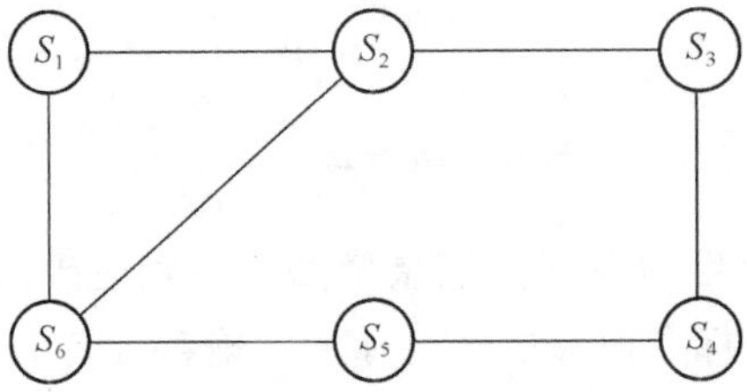

图 2.2　卫星间的固定通信拓扑示意图

图 2.3 和图 2.4 分别展示了本章提出的 DCKF 算法的位置和速度的均方误差。仿真结果表明，在分布式网络结构下（卫星间不两两互联），DCKF 算法能保证每颗卫星稳定地估计空间目标的状态，且均方误差收敛至一个较低的水平。此外，虽然不同卫星的量测噪声方差 $R_{i,k}$不尽相同，但其估计误差却几乎能收敛到相同的值。

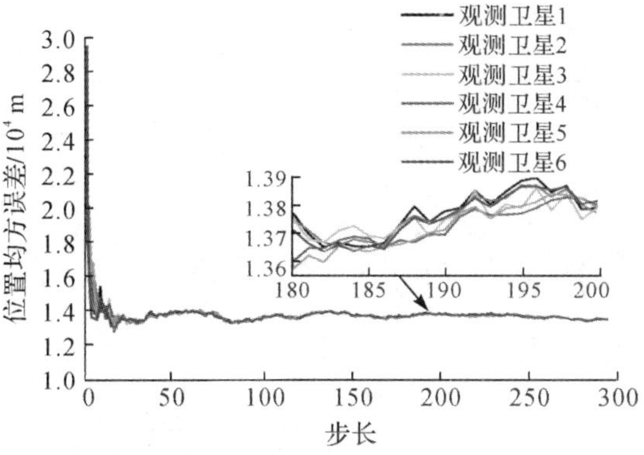

图 2.3　固定通信拓扑条件下 DCKF 的位置均方误差曲线

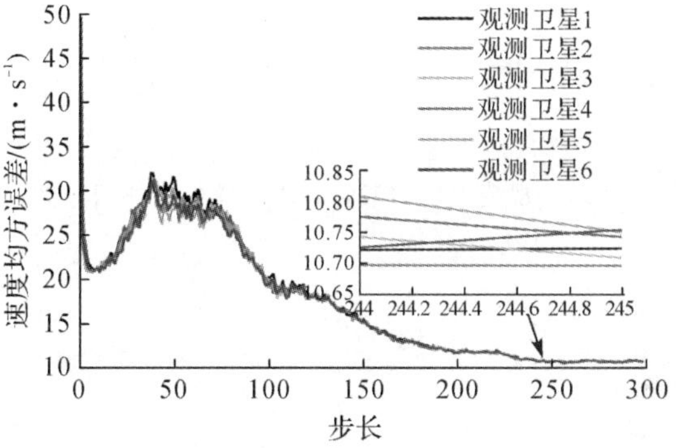

图 2.4　固定通信拓扑条件下 DCKF 的速度均方误差曲线

算例 2.2:考虑到实际中存在卫星间的通信链路被地球遮挡的情形,本算例假定 6 颗观测卫星之间的通信拓扑是时变的(见图 2.5)。此外,假设所有的观测卫星均可同时获得目标的方位角和俯仰角信息。量测噪声的方差设置为 $R_{i,k}=i\times \mathrm{diag}\{1\ (\mathrm{mrad})^2, 1\ (\mathrm{mrad})^2\}(i=1,2,\cdots,6)$,一致性迭代次数设置为 $S=1$。

图 2.6 和图 2.7 分别展示了本章提出的 DCKF 算法在切换拓扑条件下的位置和速度的均方误差。仿真结果表明,在切换拓扑的条件下,尽管卫星间只经过一次一致性迭代通信,每颗观测卫星仍可以实现对目标的稳定精确跟踪,且估计误差一致收敛。

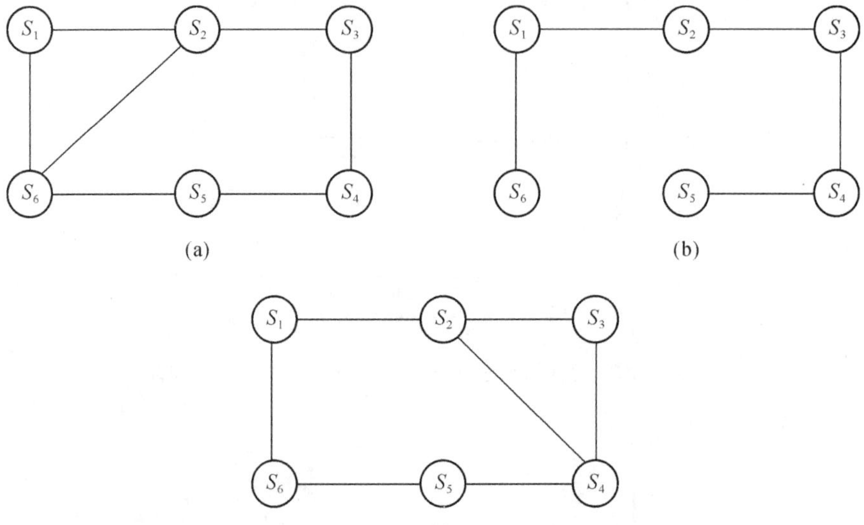

图 2.5　观测卫星间不同时段的通信拓扑示意图

(a)第 1～100 步;(b)第 101～200 步;(c)第 201～300 步

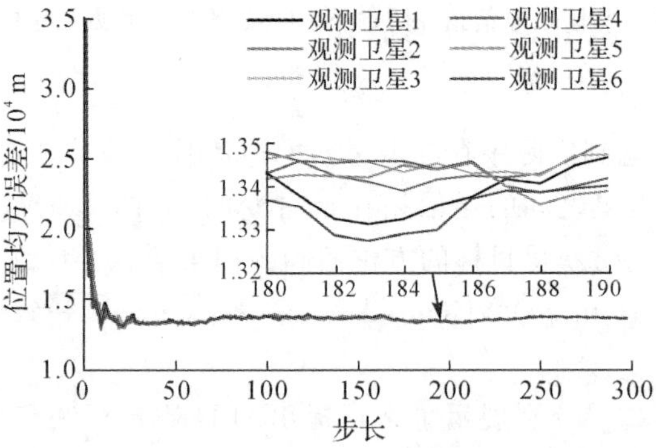

图 2.6　切换拓扑条件下 DCKF 的位置均方误差曲线

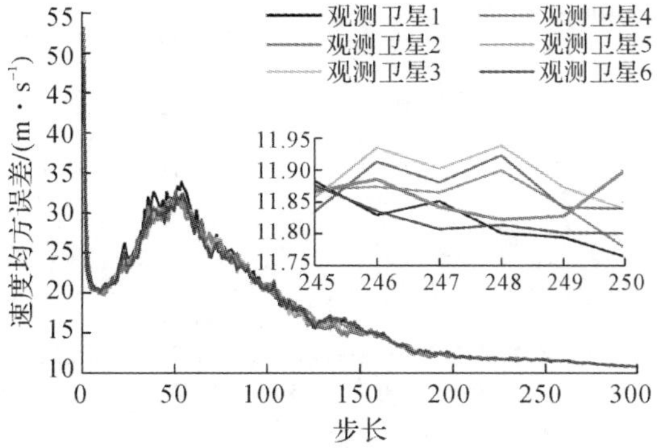

图 2.7　切换拓扑条件下 DCKF 的速度均方误差曲线

算例 2.3:本算例以经典的 DEKF[47]算法和 DCIF[125]算法为基准,比较了本章提出的 DCKF 算法与这二者之间的性能差异。考虑到实际中存在不同观测卫星所获得观测量可能不同的情形,本算例假定 1、3 和 5 号观测卫星仅能获得目标的方位角 α,而 2、4 和 6 号观测卫星仅能获得目标的俯仰角 β,将量测噪声的方差设置为 $R_{i,k}=i\times 1\ (\mathrm{mrad})^2\ (i=1,2,\cdots,6)$。另外,本算例进一步考虑一致性迭代次数对跟踪精度的影响。

图 2.8 和图 2.9 分别展示了在不同一致性迭代次数的情形下,DCKF 与 DEKF 的位置和速度的均方误差对比。

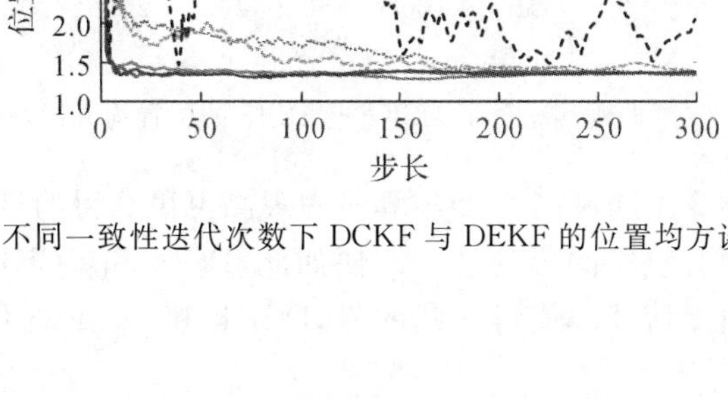

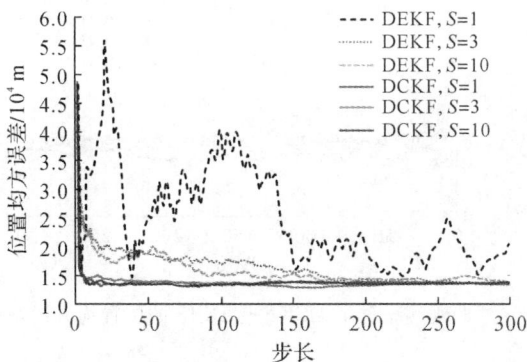

图 2.8　不同一致性迭代次数下 DCKF 与 DEKF 的位置均方误差比较

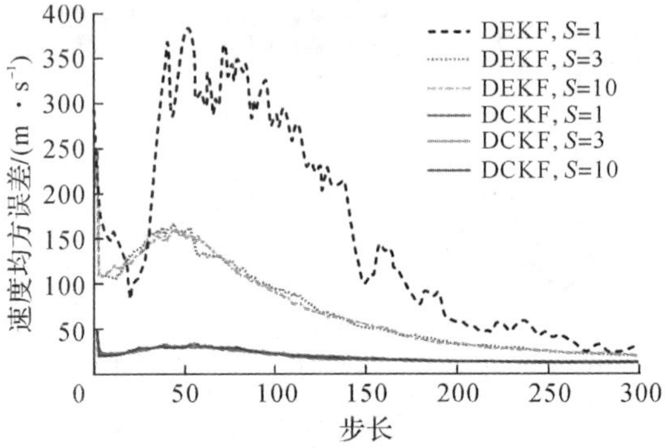

图 2.9　不同一致性迭代次数下 DCKF 与 DEKF 的速度均方误差比较

结果表明,DCKF 算法具有更高的收敛精度(当 $S=1$ 时尤为明显),这是由于式(2.58)所示的卫星 J_2 摄动模型包含了复杂的高阶项,而 DEKF 算法在线性化的过程中存在较大的截断误差。此外,随着一致性迭代计算次数 S 的增加,DCKF 和 DEKF 的估计误差都随之减小,但这难免会消耗更多的通信和计算资源。

图 2.10 和图 2.11 分别展示了在不同一致性迭代次数的情形下,DCKF 与 DCIF 的位置和速度的均方误差对比。

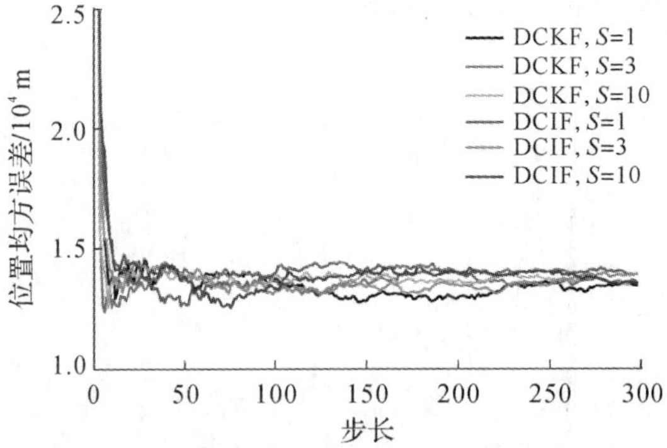

图 2.10　弱观测条件下 DCKF 与 DCIF 的位置均方误差比较

相比于算例 2.1 和算例 2.2,本算例中观测卫星获得的量测信息更少,同时意味着系统具有较弱的可观性。即便如此,DCIF 和 DCKF 依然能实现对目标状态的高精度估计。值得注意的是,DCKF 和 DCIF 的位置均方误差几乎相同。但需要注意的是，DCKF 仅需实现获取全局节点总数信息 $N=6$，而 DCIF 还需额外获得通信拓扑的最大节点度。对于固定通信拓扑图 2.2 而言，$\Delta_{\max}=3$，而对于如图 2.5 所示的时变拓扑而言，不同时段的最大节点度分别为 $\Delta_{\max}=3,2,3$。显然，DCKF 需要的全局信息更少、更简单。此外，从图 2.11 可以看出，在初始阶段，DCIF 的速度均方误差有较大的超调量，进一步说明了本章提出的 DCKF 算法具有更好的鲁棒性。

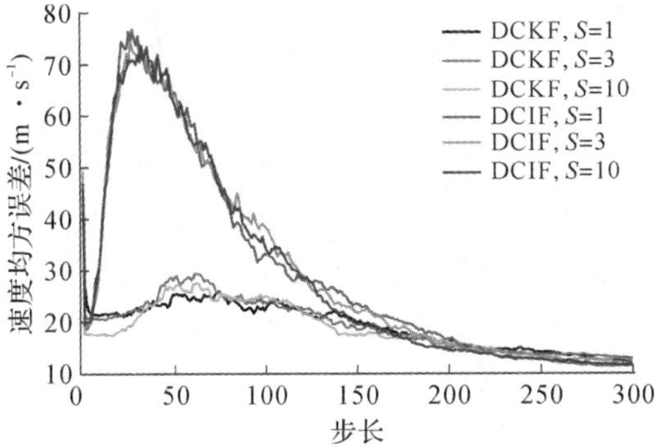

图 2.11　弱观测条件下 DCKF 与 DCIF 的速度均方误差比较

2.5　本章小结

本章主要研究了基于 PDF 一致性的分布式极大后验估计算法。首先，在贝叶斯框架下通过分解极大后验的全局指标函数，给出了分布式极大后验贝叶斯估计算法。然后，针对系统的非线性特点，运用容积积分规则，从信息论的角度根据 K－L 距离实现了 PDF 一致性的计算，提出了一种基于 PDF 一致性的极大后验分布式容积卡尔曼滤波算法。最后，以空间目标协同跟踪为应用背景，仿真验证了本章提出的 DCKF 算法的性能。仿真结果表明，在固定通信拓扑、切换通信拓扑和弱观测条件下，本章提出的 DCKF 算法均能实现对目标的精确稳定跟踪，并展现出了比 DEKF 算法和 DCIF 算法更高的收敛精度和更好的鲁棒性。

第3章　基于变分贝叶斯的噪声自适应分布式滤波算法

大量的滤波估计算法都基于高斯噪声且噪声统计特性已知的假设，但在实际应用中，传感器所处环境的复杂性、样本信息的不足、误差的累积等因素，都可能导致无法获得精确的噪声统计特性[61-62]，尤其是对非合作目标的量测过程，往往会存在噪声统计特性未知的情形，甚至会出现量测噪声统计特性突变的情况，因此本章重点针对噪声统计特性未知的情形开展研究。

3.1　引　　言

近年来，基于一致性的算法被广泛应用到分布式估计问题中，一般而言，基于一致性的分布式状态估计方法可以大致分为两类。一类是基于估计一致性的方法，这些方法将一致性项放在卡尔曼滤波器更新步骤中，而且这些方法的稳定性依赖于每个传感器的可观测性[14,134-137]。另一类则是基于信息一致性的方法，这些方法通过相邻节点间传递信息矩阵和信息向量并多次迭代[26,48]，渐近收敛到其估计值[122]，同时这些方法的可观测性假设可以推广到全局可观测性[138-139]。

本章旨在研究一种基于变分贝叶斯(VB)方法的分布式动态自适应滤波方法，用自由形式的变分分布来近似状态和噪声方差的联合后验分布。在贝叶斯滤波框架下，智能体经由与邻域的通信，通过平均局部信息来近似状态的全局概率密度函数。其近似过程主要通过递归执行VB期望(VB-E)和VB最大化(VB-M)步骤来实现。本章的主要贡献如下：

(1)将未知测量噪声建模为逆威沙特分布，提出了一种基于变分贝叶斯技术的分布式噪声自适应贝叶斯滤波器结构。

(2)利用指数分布族，给出了VB-E和VB-M步骤的详细说明。具体而言，VB-E步骤仅需利用局部信息来实现，VB-M步骤可以用一致性算法来实现。相比于参考文献[140]中的随机变分推断方法，本章算法是其向分布式的扩展。

(3)针对噪声方差未知的问题，提出了一种基于 VB 的分布式滤波算法，该算法可以看作参考文献[102] 中所提集中式滤波算法的扩展。

(4)针对系统的非线性，本章引入容积积分规则，提出了一种分布式自适应容积信息滤波器。

本章的结构如下：第 3.2 节简要介绍变分贝叶斯推断的原理；第 3.3 节给出噪声参数未知条件下的贝叶斯估计问题描述，进而提出分布式自适应滤波问题；第 3.4 节推导基于 VB 的分布式自适应容积信息滤波，并分析算法的计算复杂度；第 3.5 节用一个目标跟踪问题来验证所提算法的有效性；第 3.6 节对本章内容进行总结。

3.2　变分贝叶斯推断

变分贝叶斯(VB)方法是由 Matthew J. Beal 于 2003 年提出的一种用于近似复杂积分的方法，此后，VB 被广泛应用在贝叶斯估计以及机器学习领域[141]。VB 方法的优势在于近似未知参数和隐变量的后验概率。本节将对 VB 方法进行简要介绍，为后续算法奠定基础。

针对包含 N 个数据的数据集 $\{x_i\}_{i=1}^{N}$，令不可观测变量 $z=\{\theta, y\}$，其中 θ 为模型已知但包含未知参数 α 的全局隐变量，$y=\{y_i\}_{i=1}^{T}$ 则表示局部隐变量 $y_i=\{y_{i,k}\}_{k=1}^{K}$ 的集合。假设数据集 $\{x_i\}_{i=1}^{N}$ 中第 i 个数据 x_i 与第 j 个局部隐变量 y_j 条件无关，且隐变量的条件分布服从如下指数分布族：

$$p(\theta \mid x, y, \alpha) = h(\theta)\exp\{\eta_g(x, y, \alpha)^{\mathrm{T}} u(\theta) - A_g(\eta_g(x, y, \alpha))\} \tag{3.1}$$

$$p(y_{i,k} \mid x, y_{i,k^-}, \theta) = h(y_i)\exp\{\eta_l(x, y_{i,k^-}, \theta)^{\mathrm{T}} u(y_j) - A_l(\eta_l(x, y_{i,k^-}, \theta))\} \tag{3.2}$$

其中：y_{k^-} 表示集合 y 内除 y_k 之外的剩余变量的集合；$h(\cdot)$代表底层观测；$A(\cdot)$代表 log -正则化项；$\eta(\cdot)$代表自然参数的统计量；$u(\cdot)$代表充分统计量。值得注意的是，指数分布族包含许多常用的分布(高斯分布、伯努利分布、泊松分布等)[142]。

基于指数分布族式(3.1)、式(3.2)以及上述不相关假设，不难发现全局隐变量 θ 和 (x_i, y_i) 是共轭关系。换言之，在给定全局隐变量 θ 的条件下，分布 $p(x_i, y_i)$ 和先验分布 $p(\theta)$ 同属于指数分布族，即

$$p(x_i, y_i \mid \theta) = h(x_i, y_i)\exp\{\boldsymbol{\theta}^{\mathrm{T}} u(x_i, y_i) - A_l(\theta)\} \tag{3.3}$$

$$p(\theta \mid \alpha) = h(\theta)\exp\{\boldsymbol{\alpha}^{\mathrm{T}} u(\theta) - A_g(\alpha)\} \tag{3.4}$$

VB 方法的目的是在误差允许的范围内,用数学形式更简单、更易理解、更易处理的变分分布 $q(z)$ 来逼近未知的后验分布 $p(\theta,y|x)$。VB 方法通常假定满足平均场理论,将多体问题转化为单体问题[141]。基于该假设,隐变量之间相互独立,变分分布 $q(\theta,y)$ 可以通过参数和潜在变量的划分进行如下因式分解:

$$q(\theta, y) = q(\theta \mid \lambda)\prod_j q(y_j \mid \phi_{j,k}) \tag{3.5}$$

其中:λ 和 $\phi_{j,k}$ 分别表示全局和局部的变分参数,且分别为指数分布族 $q(\theta|\lambda)$ 和 $q(y_{j,k}|\phi_{j,k})$ 的自然参数,即

$$q(\theta \mid \lambda) = h(\theta)\exp\{\boldsymbol{\lambda}^{\mathrm{T}} u(\theta) - A_g(\lambda)\} \tag{3.6}$$

$$q(y_{j,k} \mid \phi_{j,k}) = h(y_{j,k})\exp\{\boldsymbol{\phi}_{j,k}^{\mathrm{T}} u(y_{j,k}) - A_l(\phi_{j,k})\} \tag{3.7}$$

后续推导过程中,需要用到一个关于指数分布族性质的引理。

引理 3.1:在指数分布族中,其充分统计量 $u(\cdot)$ 的期望是正则化项 $A(\cdot)$ 的梯度[142],即

$$\mathbb{E}_q[u(\theta)] = \nabla_\lambda A_g(\eta_g(\lambda)) \tag{3.8}$$

VB 方法的核心是通过最小化 $q(z)$ 与未知的后验分布 $p(z|x)$ 的距离来实现二者之间的逼近。为了度量 $q(z)$ 和 $p(z|x)$ 两个分布之间的距离,一些学者从信息论的角度引入库尔贝克-莱布勒散度,其定义[47]为

$$\begin{aligned} D_{\mathrm{KL}}[q(z) \parallel p(z \mid x)] &= \int q(z)\log q(z)\mathrm{d}z - \int q(z)\log p(z \mid x)\mathrm{d}z \\ &= \int q(z)\log q(z)\mathrm{d}z - \int q(z)\log p(z,x)\mathrm{d}z + \log p(x) \\ &= -\mathcal{L}(q) + c \end{aligned} \tag{3.9}$$

其中:c 表示与 q 无关的常数项;$\mathcal{L}(q)=\mathbb{E}_q[\log p(z,x)]-\mathbb{E}_q[\log q(z)]$ 则表示证据下界。通过式(3.9)可以看出,最小化库尔贝克-莱布勒散度 $D_{\mathrm{KL}}[q(z) \parallel p(z|x)]$ 可以等价转化为最大化证据下界。借助引理 3.1 中的重要性质,证据下界 $\mathcal{L}(q)$ 可表示为如下关于 λ 的函数形式:

$$\begin{aligned} \mathcal{L}(\lambda) &= \mathbb{E}_q[p(\theta \mid x,z,\alpha)] - \mathbb{E}_q[q(\theta)] + c_1 \\ &= \{\mathbb{E}_q[\eta_g(x,y,\alpha)] - \lambda\}^{\mathrm{T}} \nabla_\lambda A_g(\lambda) + A_g(\lambda) + c_1 \end{aligned} \tag{3.10}$$

其中:c_1 为与 $q(\theta)$ 无关的常数项。同时对式(3.10)两端求梯度可得

$$\nabla_\lambda \mathcal{L}(\lambda) = \nabla_\lambda^2 A_g(\lambda)\{\mathbb{E}_q[\eta_g(x,y,\alpha)] - \lambda\} \tag{3.11}$$

显而易见，证据下界$\mathcal{L}(q)$的极值必定出现在梯度为零的点，也就是说

$$\lambda = \mathbb{E}_q[\eta_g(x,y,\alpha)] \tag{3.12}$$

同理可得局部变分参数为

$$\phi_{i,k} = \mathbb{E}_q[\eta_l(x,y_{i,k^-},\theta)] \tag{3.13}$$

进一步，基于梯度的优化方法，可迭代计算全局参数 λ 和局部参数 $\phi_{i,k}$

$$\lambda^{(t+1)} = \lambda^{(t)} + \rho^{(t)}\ \nabla_\lambda \mathcal{L}(\lambda^{(t)}) \tag{3.14}$$

$$\phi_{i,k}^{(t+1)} = \phi_{i,k}^{(t)} + \rho^{(t)}\ \nabla_\phi \mathcal{L}(\phi_{i,k}^{(t)}) \tag{3.15}$$

其中，$\rho^{(t)}$ 表示随机逼近步长，且满足如下条件[143]：

$$\sum_t^\infty \rho^{(t)} = \infty,\quad \sum_t^\infty (\rho^{(t)})^2 < \infty \tag{3.16}$$

3.3　问题描述

本节中，首先给出系统模型，并描述噪声未知条件下的贝叶斯估计问题，然后提出分布式自适应滤波问题。

3.3.1　系统模型

考虑如下非线性动力学方程：

$$x_k = f(x_{k-1}) + w_k \tag{3.17}$$

其中：$x_k \in \mathbb{R}^n$；$f(\cdot)$表示非线性的状态方程；$w_k \in \mathbb{R}^n$ 表示均值为零、方差为 Q_k 的高斯过程噪声。假设状态 x_k 可以被包含 N 个智能体的网络观测到，第 i 个智能体对目标的观测可以表示为

$$y_{i,k} = h_i(x_k) + v_{i,k} \tag{3.18}$$

其中：$y_{i,k} \in \mathbb{R}^{m_i}$ 表示第 i 个智能体获取的量测值；$h_i(\cdot)$表示非线性的量测方程；$v_{i,k}$表示服从高斯分布$\mathbb{N}(v_{i,k};0,R_{i,k})$的量测噪声。与第 2 章所做的假设一致，本小节仍假设所有的智能体之间相互独立。此外，智能体之间的通信拓扑关系仍用无向图$\mathcal{G}=\{\mathcal{V},\mathcal{E}\}$来表示，并沿用假设 2.1，即通信拓扑图$\mathcal{G}$是连通的。

与第 2.2 节的描述类似，定义系统的全局量测为 $\boldsymbol{y}_k = [\boldsymbol{y}_{1,k}^{\mathrm{T}}\quad \boldsymbol{y}_{2,k}^{\mathrm{T}}\quad \cdots\quad \boldsymbol{y}_{N,k}^{\mathrm{T}}]^{\mathrm{T}}$，全局量测噪声的方差矩阵则定义为 $\boldsymbol{R}_k = \mathrm{diag}(R_{1,k},\cdots,R_{N,k})$。智能体 i 的本地量测值 $\boldsymbol{y}_{i,k}$ 和状态 x_k 之间的关系可以用局部似然 $p(\boldsymbol{y}_{i,k}|x_k)$描述，全局量测和状态的全局似然 $p(\boldsymbol{y}_k|x_k)$则可以分解为局部似然的乘积，即

$$p(\boldsymbol{y}_k \mid x_k) = \prod_{i=1}^{N} p(\boldsymbol{y}_{i,k} \mid x_k) \tag{3.19}$$

对于集中式贝叶斯滤波而言，中心节点已知全局似然 $p(\boldsymbol{y}_k \mid x_k)$，与此同时还可通过收集其他节点的量测信息来获得全局量测 y_k，并通过如下预测和更新两步计算后验分布 $p(x_k \mid \boldsymbol{y}_k)$[126]。

(1)预测：

$$p(x_k \mid y_{1:k-1}) = \int p(x_k \mid x_{k-1}) p(x_{k-1} \mid y_{1:k-1}) \mathrm{d}x_{k-1} \tag{3.20}$$

其中：$y_{1:k-1} \triangleq \{\boldsymbol{y}_1, \boldsymbol{y}_2, \cdots, \boldsymbol{y}_{k-1}\}$代表从1时刻到 $k-1$ 时刻所有量测值构成的集合。

(2)更新：

$$p(x_k \mid y_{1:k}) = \frac{p(\boldsymbol{y}_k \mid x_k) p(x_k \mid y_{1:k-1})}{\int p(\boldsymbol{y}_k \mid x_k) p(x_k \mid y_{1:k-1}) \mathrm{d}x_k} \propto p(\boldsymbol{y}_k \mid x_k) p(x_k \mid y_{1:k-1}) \tag{3.21}$$

在上述贝叶斯框架下发展出的诸多算法都必须依赖于先验已知的量测噪声方差 $\boldsymbol{R}_k$。然而，在实际应用的过程中，噪声方差 $\boldsymbol{R}_k$ 会由于复杂的环境因素而无法先验获得，使用错误的或者不精确的 $\boldsymbol{R}_k$ 都会造成估计误差的增大甚至是滤波器发散。更重要的是，在分布式网络中，每个智能体无法获得全局的似然函数 $p(\boldsymbol{y}_k \mid x_k)$和全局量测 $\boldsymbol{y}_k$，这也同样导致了传统集中式方法无法直接应用到分布式网络中。因此，针对量测噪声方差未知的情形，本章的目的是设计一种分布式估计算法以获得联合后验分布 $p(x_k, \boldsymbol{R}_k \mid \boldsymbol{y}_k)$。

3.3.2 基于 VB 的噪声估计模型

本小节中，假设各个智能体的量测噪声的方差 $\boldsymbol{R}_{i,k}$ 均是未知的，并将其建模为如下包含参数 $\nu_{i,k}$ 和 $V_{i,k}$ 的逆威沙特分布 $\boldsymbol{R}_{i,k} \sim \mathbb{IW}(\boldsymbol{R}_{i,k}; \nu_{i,k}, V_{i,k})$：

$$\mathbb{IW}(\boldsymbol{R}_{i,k}; \nu_{i,k}, V_{i,k}) \propto |\boldsymbol{R}_{i,k}|^{-\frac{\nu_{i,k}+m_i+1}{2}} \exp\left\{-\frac{1}{2}\mathrm{tr}(V_{i,k}\boldsymbol{R}_{i,k}^{-1})\right\} \tag{3.22}$$

其中：$\boldsymbol{R}_{i,k}$ 是一个 $m_i \times m_i$ 维的正定矩阵，且 $\mathbb{E}\{\boldsymbol{R}_{i,k}\} = \dfrac{\hat{V}_{i,k}}{\hat{\nu}_{i,k} - m_i - 1}$。值得注意的是，逆威沙特分布是多元正态分布方差矩阵的共轭先验，这一特点保证了其在贝叶斯框架下经过预测和更新两步迭代，仍能保持原有形式不变。

由于状态 x_k 和噪声方差矩阵 $\boldsymbol{R}_k$ 在给定量测 $\boldsymbol{y}_k$ 的条件下是相互独立的，所以在 $k-1$ 时刻，x_{k-1} 和 R_{k-1} 在给定量测 $\boldsymbol{y}_{k-1}$ 条件下的联合后验分布可以通

过下式计算：

$$p(x_{k-1},R_{k-1} \mid \boldsymbol{y}_{k-1}) = \mathbb{N}(x_{k-1};\hat{x}_{k-1},P_{k-1})\,\mathbb{IW}(R_{k-1};\hat{\nu}_{k-1},\hat{V}_{k-1}) \tag{3.23}$$

其中：$\hat{\nu}_{k-1}$和 $\hat{V}_{k-1}$分别是对参数 ν_{k-1} 和 V_{k-1} 的估计。鉴于逆威沙特分布的共轭性，如果预测分布的形式与式(3.23)保持一致，那么状态 x_k 和噪声方差矩阵 $\boldsymbol{R}_k$ 在 k 时刻的后验分布也将保持形式不变。

此外，x_k 和 $\boldsymbol{R}_k$ 的预测分布是可分离且相互独立的，其具体形式可表示为

$$p(x_k \mid \boldsymbol{y}_{k-1}) = \int p(x_k \mid x_{k-1})p(x_{k-1} \mid \boldsymbol{y}_{k-1})\mathrm{d}x_{k-1} = \mathbb{N}(x_k;\overline{x}_k,\overline{P}_k) \tag{3.24}$$

$$p(\boldsymbol{R}_k \mid \boldsymbol{y}_{k-1}) = \int p(\boldsymbol{R}_k \mid R_{k-1})p(R_{k-1} \mid \boldsymbol{y}_{k-1})\mathrm{d}R_{k-1} = \mathbb{IW}(\boldsymbol{R}_k;\overline{\nu}_k,\overline{V}_k) \tag{3.25}$$

其中：$\overline{\nu}_k$ 和 $\overline{V}_k$ 分别表示参数 ν_k 和 V_k 的一步预测。不难发现，预测方程式(3.24)和贝叶斯框架下的预测步骤式(3.20)一致。另外，噪声方差的预测分布 $p(\boldsymbol{R}_k|R_{k-1})$应该选择适用于逆威沙特分布的形式。根据参考文献[102]，本小节采用如下模型：

$$\overline{\nu}_k = \rho(\hat{V}_{k-1} - m - 1) + m + 1 \tag{3.26}$$

$$\overline{V}_k = \boldsymbol{B}\hat{V}_{k-1}\boldsymbol{B}^{\mathrm{T}} \tag{3.27}$$

其中：$m = \sum_{i=1}^{N} m_i$；实数 ρ 表示时间波动的程度，且满足 $0 < \rho \leqslant 1$；矩阵 $\boldsymbol{B}$ 的形式为 $\boldsymbol{B} = \sqrt{\rho}I_{m\times m}$。由于智能体之间相互独立，因此 x_k 和 $\boldsymbol{R}_k$ 的联合预测分布可以表示为

$$\begin{aligned} p(x_k,\boldsymbol{R}_k \mid \boldsymbol{y}_{k-1}) &= p(x_k \mid \boldsymbol{y}_{k-1})p(\boldsymbol{R}_k \mid \boldsymbol{y}_{k-1}) \\ &= \mathbb{N}(x_k;\overline{x}_k,\overline{P}_k)\,\mathbb{IW}(\boldsymbol{R}_k;\overline{\nu}_k,\overline{V}_k) \\ &= \mathbb{N}(x_k;\overline{x}_k,\overline{P}_k)\prod_{i=1}^{N}\mathbb{IW}(\boldsymbol{R}_{i,k};\overline{\nu}_{i,k},\overline{V}_{i,k}) \end{aligned} \tag{3.28}$$

其中：$\overline{\nu}_{i,k} = \rho_i(\hat{\nu}_{i,k-1} - m_i - 1) + m_i + 1$，$\overline{V}_{i,k} = \boldsymbol{B}_i\hat{V}_{i,k-1}\boldsymbol{B}_i^{\mathrm{T}}$，且 $\rho_i = \rho$，$\boldsymbol{B}_i = \sqrt{\rho_i}I_{m_i\times m_i}$。

基于标准的 VB 方法[141]，可利用自由形式的分布 $q(x_k,\boldsymbol{R}_k)$按照如下方式近似 x_k 和 $\boldsymbol{R}_k$ 的联合后验分布：

$$p(x_k, \boldsymbol{R}_k \mid \boldsymbol{y}_k) \approx q(x_k, \boldsymbol{R}_k) = q(x_k)\prod_{i=1}^{N} q(\boldsymbol{R}_{i,k}) \tag{3.29}$$

其中：$q(x_k)$和$q(\boldsymbol{R}_{i,k})$分别表示高斯和逆威沙特分布。经典的VB方法可通过最小化$p(x_k, \boldsymbol{R}_k|\boldsymbol{y}_k)$和$q(x_k, \boldsymbol{R}_k)$之间K－L距离的方式实现对$p(x_k, \boldsymbol{R}_k|\boldsymbol{y}_k)$的近似，即

$$\min_{q(x_k),q(\boldsymbol{R}_k)} \mathrm{KL}[q(x_k, \boldsymbol{R}_k) \parallel p(x_k, \boldsymbol{R}_k \mid \boldsymbol{y}_k)] \tag{3.30}$$

根据式(3.9)对K－L距离的定义，$\mathrm{KL}[q(x_k, \boldsymbol{R}_k) \parallel p(x_k, \boldsymbol{R}_k|\boldsymbol{y}_k)]$可分解为

$$\begin{aligned}\mathrm{KL}[q(x_k, \boldsymbol{R}_k) \parallel p(x_k, \boldsymbol{R}_k \mid \boldsymbol{y}_k)] &= \int q(x_k, \boldsymbol{R}_k)\log\frac{q(x_k, \boldsymbol{R}_k)}{p(x_k, \boldsymbol{R}_k \mid \boldsymbol{y}_k)}\mathrm{d}x_k\mathrm{d}\boldsymbol{R}_k \\ &= \mathbb{E}_q[\log q(x_k, \boldsymbol{R}_k)] - \mathbb{E}_q[\log p(x_k, \boldsymbol{R}_k \mid \boldsymbol{y}_k)] + \tilde{c} \\ &= -\mathcal{L}[q(x_k, \boldsymbol{R}_k)] + \tilde{c}\end{aligned} \tag{3.31}$$

其中：$\tilde{c}$是与变分分布$q(x_k, \boldsymbol{R}_k)$无关的常数项。为了简化表达，后续内容中用q代替$q(x_k, \boldsymbol{R}_k)$。证据下界则可表示为

$$\mathcal{L}[q(x_k, \boldsymbol{R}_k)] = \mathbb{E}_q[\log p(x_k, \boldsymbol{R}_k \mid \boldsymbol{y}_k)] - \mathbb{E}_q[\log q(x_k, \boldsymbol{R}_k)] \tag{3.32}$$

至此，优化问题式(3.30)转化为

$$\max_{q(x_k),q(\boldsymbol{R}_k)} \mathcal{L}[q(x_k, \boldsymbol{R}_k)] \tag{3.33}$$

由于$q(x_k)$和$q(\boldsymbol{R}_k)$之间是紧耦合关系，所以优化问题式(3.33)难以直接获得其解析解。换言之，$q(x_k)$的解依赖于$q(\boldsymbol{R}_k)$，反之亦然[102]。

根据第3.2节的介绍，经典的VB方法可通过VB－E和VB－M两步迭代解决优化问题式(3.33)，如图3.1所示。在VB－E步骤中，固定状态x_k，在约束分布族中优化$q(\boldsymbol{R}_k)$使得隐变量的变分后验$\mathrm{KL}[q(x_k, \boldsymbol{R}_k)||p(x_k, \boldsymbol{R}_k|\boldsymbol{y}_k)]$最小；在VB－M步骤中，将VB－E步骤优化得到的$q(\boldsymbol{R}_k)$固定，优化$x_k$下界$\mathcal{L}[q(x_k, \boldsymbol{R}_k)]$最大。VB－E和VB－M优化过程的数学描述如下：

$$\text{VB-E}: \hat{R}_{i,k} = \arg\max_{\boldsymbol{R}_{i,k}} \mathcal{L}[q(x_k^*, \boldsymbol{R}_k)] \tag{3.34}$$

$$\text{VB-M}: \hat{x}_k = \arg\max_{x_k} \mathcal{L}[q(x_k, \boldsymbol{R}_k^*)] \tag{3.35}$$

由式(3.34)和式(3.35)可以看出，若每个智能体都能获取全局似然$p(\boldsymbol{y}_k|x_k)$和全局量测$\boldsymbol{y}_k$，则每个智能体可以得到全局状态的估计$\hat{x}_k$。但是，在分布式网络中，每个智能体仅能获得局部似然$p(\boldsymbol{y}_{i,k}|x_k)$和局部量测$\boldsymbol{y}_{i,k}$，并通过与邻居节点的通信获得邻居节点的信息。因此，亟待研究一种分布式的算法来解决优化问题式(3.33)。

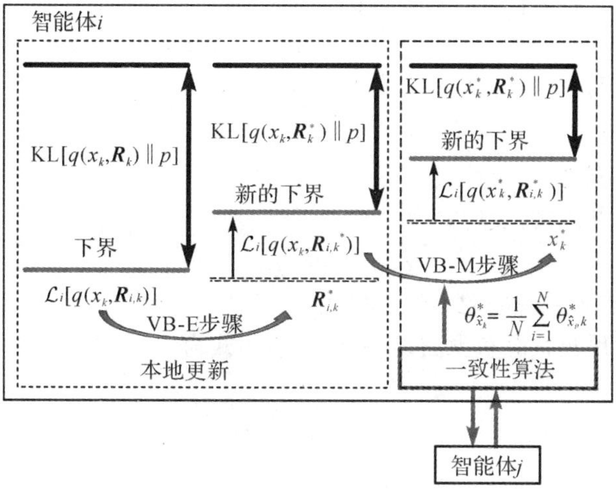

图 3.1　基于 VB 的噪声估计算法框架

3.4　基于变分贝叶斯的分布式自适应容积信息滤波

本节研究基于变分贝叶斯(VB)的分布式容积信息滤波器。根据第 3.3 节的描述,该滤波器主要包括两部分:一是传感器网络中的时间更新,二是基于 VB 方法的量测更新。

3.4.1　基于 CKF 的时间更新

式(3.28)给出了 x_k 和 $\boldsymbol{R}_k$ 的联合预测分布,形式如下:

$$p(x_k,\boldsymbol{R}_k \mid \boldsymbol{y}_{k-1}) = \mathbb{N}(x_k;\overline{x}_k,\overline{P}_k)\prod_{i=1}^{N}\mathbb{IW}(\boldsymbol{R}_{i,k};\overline{\nu}_{i,k},\overline{V}_{i,k}) \tag{3.36}$$

其中,k 时刻的状态预测 $\overline{x}_k$ 和其方差 $\overline{P}_k$ 可由任意的贝叶斯滤波器得到[126]。与第 2 章保持一致,本小节仍然使用 CKF 滤波器完成时间更新,具体步骤如下:

(1)计算容积点,公式为

$$\chi_{i,m,k-1} = \boldsymbol{S}_{i,k-1}\xi_m + \hat{x}_{i,k-1} \tag{3.37}$$

其中:$\boldsymbol{S}_{i,k-1}$是 $P_{i,k-1}$的平方根矩阵,即 $P_{i,k-1}=\boldsymbol{S}_{i,k-1}\boldsymbol{S}_{i,k-1}^{\mathrm{T}}$;$\xi_m$ 表示采样矩阵的第 m ($m=1,2,\cdots,2n_x$)列,采样矩阵的具体表达式为

$$\boldsymbol{\xi}=\begin{bmatrix}1 & 0 & \cdots & 0 & -1 & 0 & \cdots & 0\\ 0 & 1 & \cdots & 0 & 0 & -1 & \cdots & 0\\ \vdots & \vdots & & \vdots & \vdots & \vdots & & \vdots\\ 0 & 0 & \cdots & 1 & 0 & 0 & \cdots & -1\end{bmatrix}_{n_x\times 2n_x} \tag{3.38}$$

其中：n_x 表示状态 x_k 的维度。

(2)容积点传播，表达式为

$$\boldsymbol{\chi}_{i,m,k}^{*}=f(\chi_{i,m,k-1}) \tag{3.39}$$

其中：$f(\cdot)$表示系统的动力学方程式(3.17)。

(3)计算预测状态和预测误差方差，表达式为

$$\overline{\boldsymbol{x}}_{i,k}=\frac{1}{2n_x}\sum_{m=1}^{2n_x}\boldsymbol{\chi}_{i,m,k}^{*} \tag{3.40}$$

$$\overline{P}_{i,k}=\frac{1}{2n_x}\sum_{m=1}^{2n_x}\boldsymbol{\chi}_{i,m,k}^{*}\boldsymbol{\chi}_{i,m,k}^{*\mathrm{T}}-\overline{\boldsymbol{x}}_{i,k}\overline{\boldsymbol{x}}_{i,k}^{\mathrm{T}}+Q_{k-1} \tag{3.41}$$

不难发现，分布式时间更新与集中式时间更新完全相同，这是因为系统的动力学方程式(3.17)作为一个全局信息被网络结构中所有的智能体先验获取，各个智能体之间对于动力学方程式(3.17)的认知不存在差异。各智能体之间的差异来自量测方程式(3.18)，下面将重点研究每个智能体在量测更新过程中如何分布式地解决问题式(3.33)，具体分为 VB－E 步骤和 VB－M 步骤。

3.4.2 智能体 *i* 内的 VB－E 更新

鉴于智能体之间彼此独立，全局后验分布可以表示为

$$p(x_k,\boldsymbol{R}_k\mid \boldsymbol{y}_k)\propto p(x_k,\boldsymbol{R}_k)\prod_{i=1}^{N}p(\boldsymbol{y}_{i,k}\mid x_k,\boldsymbol{R}_{i,k}) \tag{3.42}$$

将式(3.42)代入式(3.32)后，可将$\mathcal{L}(q)$分解为

$$\begin{aligned}\mathcal{L}(q)&\propto \mathbb{E}_q\Big[\log p(x_k,\boldsymbol{R}_k)\prod_{i=1}^{N}p(\boldsymbol{y}_{i,k}\mid x_k,\boldsymbol{R}_{i,k})\Big]-\mathbb{E}_q[\log q(x_k,\boldsymbol{R}_k)]\\&=\mathbb{E}_q\Big[\sum_{i=1}^{N}\log p(\boldsymbol{y}_{i,k}\mid x_k,\boldsymbol{R}_{i,k})\Big]+\mathbb{E}_q\left[\log\frac{p(x_k,\boldsymbol{R}_k)}{q(x_k,\boldsymbol{R}_k)}\right]\\&=\sum_{i=1}^{N}\mathcal{L}_i(q)\end{aligned} \tag{3.43}$$

至此，全局证据下界被分解成了局部证据下界$\mathcal{L}_i(q)$的和：

$$\mathcal{L}_i(q)=\mathbb{E}_q[\log p(\boldsymbol{y}_{i,k}\mid x_k,\boldsymbol{R}_{i,k})]+\frac{1}{N}\mathbb{E}_q\left[\log\frac{p(x_k,\boldsymbol{R}_k)}{q(x_k,\boldsymbol{R}_k)}\right] \tag{3.44}$$

令 $q_i \triangleq q(x_k)q(\boldsymbol{R}_{i,k})$，若固定 x_k，则

$$\begin{aligned}\mathcal{L}[q(\boldsymbol{R}_{i,k})] &= \mathbb{E}_{q_i}[\log p(\boldsymbol{y}_{i,k} \mid \boldsymbol{R}_{i,k}, x_k)] + \frac{1}{N}\mathbb{E}_{q_i}\left[\log \frac{p(\boldsymbol{R}_{i,k}, x_k)}{q(x_k)q(\boldsymbol{R}_{i,k})}\right] + \tilde{c}_0 \\ &= \mathcal{L}_i[q(\boldsymbol{R}_{i,k})] + \tilde{c}_0 \end{aligned} \tag{3.45}$$

其中：$\tilde{c}_0$ 表示与 $\boldsymbol{R}_{i,k}$ 无关的常数项。

观察式(3.45)，可以得到一个关键的发现，对于固定的 $q(x_k)$，变分分布 $q(\boldsymbol{R}_{i,k})$ 仅仅与局部似然 $p(\boldsymbol{y}_{i,k} | \boldsymbol{R}_{i,k}, x_k)$ 和局部量测 $\boldsymbol{y}_{i,k}$ 有关。因此，智能体 i 可在局部完成对变分分布 $q(\boldsymbol{R}_{i,k})$ 的优化，即

$$q(\hat{\boldsymbol{R}}_{i,k}) = \arg\max_{\boldsymbol{R}_{i,k}} \mathcal{L}_i[q(\boldsymbol{R}_{i,k})] \tag{3.46}$$

下面，给出关于优化问题式(3.46)的定理。

定理 3.1： 当固定 $q(x_k)$ 时，优化问题式(3.46)的解可以表示为 $q(\hat{\boldsymbol{R}}_{i,k}) = \mathbb{IW}(\boldsymbol{R}_{i,k}; \hat{\nu}_{i,k}, \hat{V}_{i,k})$，且 $q(\hat{\boldsymbol{R}}_{i,k})$ 的参数可通过下式求解：

$$\hat{\nu}_{i,k} = N + \bar{\nu}_{i,k} \tag{3.47}$$

$$\hat{V}_{i,k} = N\,\mathbb{E}_{q(x_k)}\{[\boldsymbol{y}_{i,k} - h_i(x_k)][\boldsymbol{y}_{i,k} - h_i(x_k)]^{\mathrm{T}}\} + \bar{V}_{i,k} \tag{3.48}$$

证明： 结合高斯分布的指数分布族形式，$\log p(\boldsymbol{y}_{i,k} | \boldsymbol{R}_{i,k}, x_k)$ 可以写成如下形式：

$$\begin{aligned}&\log p(\boldsymbol{y}_{i,k} \mid \boldsymbol{R}_{i,k}, x_k) \\ &= \log \frac{|\boldsymbol{R}_{i,k}|^{-\frac{1}{2}}}{\sqrt{(2\pi)^{m_i}}} \exp\left\{-\frac{1}{2}[\boldsymbol{y}_{i,k} - h_i(x_k)]^{\mathrm{T}}\boldsymbol{R}_{i,k}^{-1}[y_{i,k} - h_i(x_k)]\right\} \\ &= -\frac{1}{2}\mathrm{tr}\{[\boldsymbol{y}_{i,k} - h_i(x_k)](\cdot)^{\mathrm{T}}\boldsymbol{R}_{i,k}^{-1}\} - \frac{1}{2}\log|\boldsymbol{R}_{i,k}| + \log\frac{1}{\sqrt{(2\pi)^{m_i}}} \\ &= \boldsymbol{\eta}_{y_{i,k}}^{\mathrm{T}}\boldsymbol{u}(\boldsymbol{R}_{i,k}) + \tilde{c}_1 \end{aligned} \tag{3.49}$$

其中：$\boldsymbol{\eta}_{y_{i,k}} = \begin{bmatrix} -\dfrac{1}{2}[\boldsymbol{y}_{i,k} - h_i(x_k)](\cdot)^{\mathrm{T}} \\ \dfrac{1}{2} \end{bmatrix}$；$\boldsymbol{u} = \begin{bmatrix} \boldsymbol{R}_{i,k} \\ \log|\boldsymbol{R}_{i,k}| \end{bmatrix}$；$\tilde{c}_1$ 表示常数项。相应地，结合指数分布族的形式重构 $\mathbb{N}(x_k; \bar{x}_k, \bar{P}_k)$、$\mathbb{IW}(\boldsymbol{R}_{i,k}; \bar{\nu}_{i,k}, \bar{V}_{i,k})$ 以及 $q(\boldsymbol{R}_{i,k})$ 如下：

$$\mathbb{N}(x_k; \bar{x}_k, \bar{P}_k) = h(x_k)\exp\{\boldsymbol{\eta}_{x_k}^{\mathrm{T}}u(x_k) - A_g(\boldsymbol{\eta}_{x_k})\} \tag{3.50}$$

$$\mathbb{IW}(\boldsymbol{R}_{i,k}; \bar{\nu}_{i,k}, \bar{V}_{i,k}) = h(\boldsymbol{R}_{i,k})\exp\{\bar{\boldsymbol{\eta}}_{\boldsymbol{R}_{i,k}}^{\mathrm{T}}u(\boldsymbol{R}_{i,k}) - A_g(\bar{\boldsymbol{\eta}}_{\boldsymbol{R}_{i,k}})\} \tag{3.51}$$

$$q(\boldsymbol{R}_{i,k}) = h(\boldsymbol{R}_{i,k})\exp\{\hat{\boldsymbol{\eta}}_{\boldsymbol{R}_{i,k}}^{\mathrm{T}}u(\boldsymbol{R}_{i,k}) - A_g(\hat{\boldsymbol{\eta}}_{\boldsymbol{R}_{i,k}})\} \tag{3.52}$$

其中：$\boldsymbol{\eta}_{x_k} = \begin{bmatrix} \bar{P}_k\bar{x}_k \\ -\dfrac{1}{2}\bar{P}_k \end{bmatrix}$，$\bar{\boldsymbol{\eta}}_{R_{i,k}} = \begin{bmatrix} -\dfrac{1}{2}\bar{V}_{i,k} \\ -\dfrac{\bar{\nu}_{i,k} + m_i + 1}{2} \end{bmatrix}$ 以及 $\hat{\boldsymbol{\eta}}_{R_{i,k}} = \begin{bmatrix} -\dfrac{1}{2}\hat{V}_{i,k} \\ -\dfrac{\hat{V}_{i,k} + m_i + 1}{2} \end{bmatrix}$ 分

别表示其各自的自然参数。

将式(3.49)、式(3.51)及式(3.52)代入$\mathcal{L}_i[q(\boldsymbol{R}_{i,k})]$可得

$$\begin{aligned}
&\mathcal{L}_i[q(\boldsymbol{R}_{i,k})] \\
&= \mathbb{E}_{q(x_k)}[\log p(\boldsymbol{y}_{i,k} \mid \boldsymbol{R}_{i,k}, x_k)] + \frac{1}{N}\mathbb{E}_{q(x_k)}[\log \mathbb{IW}(\boldsymbol{R}_{i,k}; \bar{\nu}_{i,k}, \bar{V}_{i,k}) - \log q(\boldsymbol{R}_{i,k})] + \tilde{c}_2 \\
&= \mathbb{E}_{q(x_k)}[\boldsymbol{\eta}_{y_{i,k}}^{\mathrm{T}}]\mathbb{E}_{q(x_k)}[u(\boldsymbol{R}_{i,k})] + \frac{1}{N}\{\mathbb{E}_{q(x_k)}[(\bar{\boldsymbol{\eta}}_{R_{i,k}} - \hat{\boldsymbol{\eta}}_{\boldsymbol{R}_{i,k}})^{\mathrm{T}}]\mathbb{E}_{q(x_k)}[u(\boldsymbol{R}_{i,k})] - \\
&\quad A_g(\bar{\boldsymbol{\eta}}_{\boldsymbol{R}_{i,k}}) + A_g(\hat{\boldsymbol{\eta}}_{\boldsymbol{R}_{i,k}})\} + \tilde{c}_3
\end{aligned} \tag{3.53}$$

其中:$\tilde{c}_2$ 和 $\tilde{c}_3$ 表示与 $\boldsymbol{R}_{i,k}$无关的常数项。

回顾引理 3.1 中的指数分布族性质$\mathbb{E}[u(\boldsymbol{R}_{i,k})] = \nabla_{\hat{\eta}} A_g(\boldsymbol{\eta}_{\boldsymbol{R}_{i,k}})$,将$\mathcal{L}_i[q(\boldsymbol{R}_{i,k})]$对$\hat{\boldsymbol{\eta}}_{\boldsymbol{R}_{i,k}}$求导后可得

$$\nabla_{\hat{\eta}}\mathcal{L}_i[q(\boldsymbol{R}_{i,k})] = [\nabla_{\hat{\eta}}^2 A_g(\boldsymbol{\eta}_{\boldsymbol{R}_{i,k}})]^{\mathrm{T}}\left[\mathbb{E}_{q(x_k)}[\boldsymbol{\eta}_{y_{i,k}}] + \frac{1}{N}\mathbb{E}_{q(x_k)}[\bar{\boldsymbol{\eta}}_{\boldsymbol{R}_{i,k}} - \hat{\boldsymbol{\eta}}_{\boldsymbol{R}_{i,k}}]\right] \tag{3.54}$$

显而易见,令上述倒数为零,即$\nabla_{\hat{\eta}}\mathcal{L}_i[q(\boldsymbol{R}_{i,k})]=0$,可获得优化问题的解为

$$\mathbb{E}_{q(x_k)}[\hat{\boldsymbol{\eta}}_{\boldsymbol{R}_{i,k}}] = N\,\mathbb{E}_{q(x_k)}[\boldsymbol{\eta}_{y_{i,k}}] + \mathbb{E}_{q(x_k)}[\bar{\boldsymbol{\eta}}_{\boldsymbol{R}_{i,k}}] \tag{3.55}$$

进一步代入各参数的具体表达式可得

$$\hat{\nu}_{i,k} = N + \bar{\nu}_{i,k} \tag{3.56}$$

$$\hat{V}_{i,k} = N\,\mathbb{E}_{q(x_k)}\{[\boldsymbol{y}_{i,k} - h_i(x_k)][\boldsymbol{y}_{i,k} - h_i(x_k)]^{\mathrm{T}}\} + \bar{V}_{i,k} \tag{3.57}$$

证毕。

注释 3.1:对于非线性或者非高斯的情形,式(3.48)中的指数项通常极难处理,好在目前有大量的方法对该期望运算进行近似。在第 3.5 节中,将采用容积积分规则近似计算该期望项。从定理 3.1 可以看出,本节所提算法唯一需要的全局信息量是网络内智能体的总数 N。更重要的是,当 $N=1$ 时,本节所提算法将退化为参考文献[102]所提的算法,也就是基于 VB 的集中式噪声自适应滤波算法。

至此,已经给出了当 $q(x_k)$固定时 $q(\hat{\boldsymbol{R}}_{i,k})$的计算方法,下面将进一步讨论分布式网络中的 VB - M 更新步骤。

3.4.3 智能体 *i* 内的 VB - M 更新

VB - M 更新步骤,以 VB - E 更新步骤所得的 $\boldsymbol{R}_k$ 的统计特性为基础,在固定 $q(\boldsymbol{R}_k)$的条件下,通过最大化证据下界$\mathcal{L}[q(x_k,\boldsymbol{R}_k)]$来获得状态 x_k 的全局估计。但是,分布式的网络结构给问题式(3.35)的求解带来了新的困难,本

小节将提出一种适用于分布式网络结构的 VB－M 更新方式。在列举结论之前，首先给出相关分布的指数形式[142]：

$$p(x_{i,k} \mid \boldsymbol{y}_{i,k}, \boldsymbol{R}_{i,k}) = h(x_{i,k})\exp\{\boldsymbol{\theta}_{x_{i,k}}^{\mathrm{T}} u(x_{i,k}) - A_g(\boldsymbol{\theta}_{x_{i,k}})\} \tag{3.58}$$

$$p(x_k \mid \boldsymbol{y}_{k-1}) = h(x_k)\exp\{\boldsymbol{\theta}_{\bar{x}}^{\mathrm{T}} u(x_k) - A_g(\boldsymbol{\theta}_{\bar{x}})\} \tag{3.59}$$

$$\hat{\nu}_{i,k} = N + \bar{\nu}_{i,k}, \quad q(x_k) = h(x_k)\exp\{\boldsymbol{\theta}_{\hat{x}}^{\mathrm{T}} u(\hat{x}_k) - A_g(\boldsymbol{\theta}_{\hat{x}})\} \tag{3.60}$$

其中：$\boldsymbol{\theta}_{x_{i,k}} = \begin{bmatrix} P_{i,k}^{-1}\hat{x}_{i,k} \\ -\frac{1}{2}P_{i,k}^{-1} \end{bmatrix}$，$\boldsymbol{\theta}_{\bar{x}} = \begin{bmatrix} \bar{P}_k^{-1}\bar{x}_k \\ -\frac{1}{2}\bar{P}_k^{-1} \end{bmatrix}$以及 $\boldsymbol{\theta}_{\hat{x}} = \begin{bmatrix} P_k^{-1}\hat{x}_k \\ -\frac{1}{2}P_k^{-1} \end{bmatrix}$分别表示相对应的自然参数。

下面给出关于优化问题式(3.35)的定理。

定理 3.2：当 $q(\boldsymbol{R}_k)$固定时，令 $q(x_k)$是优化问题式(3.35)的一个解，且 $\boldsymbol{\theta}_{\hat{x}_k}$是分布 $q(x_k)$的自然参数。那么，最优自然参数 $\boldsymbol{\theta}_{\hat{x}_k}^*$ 可以由以下形式给出：

$$\boldsymbol{\theta}_{\hat{x}_k}^* = \frac{1}{N}\sum_{i=1}^{N}\boldsymbol{\theta}_{\hat{x}_{i,k}}^* \tag{3.61}$$

其中：$\boldsymbol{\theta}_{\hat{x}_{i,k}}^*$ 是局部优化问题$\max_{q(x_{i,k})}\mathcal{L}_i(q)$的最优解。

证明：局部似然函数可以表示为

$$p(\boldsymbol{y}_{i,k} \mid \boldsymbol{R}_{i,k}, x_k) = \frac{p(x_k \mid \boldsymbol{R}_{i,k}, \boldsymbol{y}_{i,k})\,p(\boldsymbol{R}_{i,k}, \boldsymbol{y}_{i,k})}{p(\boldsymbol{R}_{i,k}, x_k)} \tag{3.62}$$

将式(3.58)～式(3.60)代入局部证据下界$\mathcal{L}_i(q)$中，可得

$$\begin{aligned}
\mathcal{L}_i[q(x_k)] &= \mathbb{E}_q[\log p(x_k \mid \boldsymbol{y}_{i,k}, \boldsymbol{R}_{i,k}) - \log p(x_k \mid y_{i,k-1})] + \\
&\quad \frac{1}{N}\mathbb{E}_q[\log p(x_k \mid \boldsymbol{y}_{k-1}) - \log q(x_k)] + \tilde{c}_0 \\
&= \mathbb{E}_{q(\boldsymbol{R}_k)}[\boldsymbol{\theta}_{x_{i,k}}^{\mathrm{T}} u(x_k) - A_g(\boldsymbol{\theta}_{x_k}) - \boldsymbol{\theta}_{\bar{x}_k}^{\mathrm{T}} u(x_k) + A_g(\boldsymbol{\theta}_{\bar{x}_k})] + \\
&\quad \frac{1}{N}\mathbb{E}_{q(\boldsymbol{R}_k)}[\boldsymbol{\theta}_{\bar{x}_k}^{\mathrm{T}} u(x_k) - A_g(\boldsymbol{\theta}_{\bar{x}_k}) - \boldsymbol{\theta}_{\hat{x}_k}^{\mathrm{T}} u(x_k) + A_g(\boldsymbol{\theta}_{\hat{x}_k})] + \tilde{c}_0 \\
&= \mathbb{E}_{q(\boldsymbol{R}_{i,k})}[(\boldsymbol{\theta}_{x_{i,k}} - \boldsymbol{\theta}_{\bar{x}_k})^{\mathrm{T}}]\mathbb{E}_{q(x_k)}[u(x_k)] + \\
&\quad \frac{1}{N}\{\mathbb{E}_{q(\boldsymbol{R}_{i,k})}[(\boldsymbol{\theta}_{\bar{x}_k} - \boldsymbol{\theta}_{\hat{x}})^{\mathrm{T}}]\mathbb{E}_{q(x_k)}[u(x_k)] + A_g(\boldsymbol{\theta}_{\hat{x}_k})\} + \tilde{c}_1
\end{aligned} \tag{3.63}$$

其中：$\tilde{c}_0$ 和 $\tilde{c}_1$ 表示与 $\hat{x}_k$ 无关的常数项。

将局部证据下界$\mathcal{L}_i[q(x_k)]$对 $\boldsymbol{\theta}_{\hat{x}_k}$ 求导后可得

$$\nabla_{\boldsymbol{\theta}_{\hat{x}_k}} \mathcal{L}_i[q(x_k)] = \frac{1}{N}\{[\nabla^2_{\boldsymbol{\theta}_{\hat{x}_k}} A_g(\boldsymbol{\theta}_{\hat{x}_k})]^{\mathrm{T}} \mathbb{E}_{q(\boldsymbol{R}_{i,k})}[\boldsymbol{\theta}_{\overline{x}_k}] - [\nabla^2_{\boldsymbol{\theta}_{\hat{x}_k}} A_g(\boldsymbol{\theta}_{\hat{x}_k})]^{\mathrm{T}} \mathbb{E}_{q(\boldsymbol{R}_{i,k})}[\boldsymbol{\theta}_{\hat{x}_k}]\} + [\nabla^2_{\boldsymbol{\theta}_{\hat{x}_k}} A_g(\boldsymbol{\theta}_{\hat{x}_k})]^{\mathrm{T}} \mathbb{E}_{q(\boldsymbol{R}_{i,k})}[\boldsymbol{\theta}_{x_{i,k}} - \boldsymbol{\theta}_{\overline{x}_k}]$$
$$= [\nabla^2_{\boldsymbol{\theta}_{\hat{x}_k}} A_g(\boldsymbol{\theta}_{\hat{x}_k})]^{\mathrm{T}} \left\{ \mathbb{E}_{q(\boldsymbol{R}_{i,k})}[\boldsymbol{\theta}_{x_{i,k}} - \boldsymbol{\theta}_{\overline{x}_k}] + \frac{1}{N} \mathbb{E}_{q(\boldsymbol{R}_{i,k})}[\boldsymbol{\theta}_{\overline{x}_k} - \boldsymbol{\theta}_{\hat{x}_k}] \right\} \tag{3.64}$$

令 $\sum_{i=1}^{N} \nabla_{\boldsymbol{\theta}_{\hat{x}_k}} \mathcal{L}_i[q(x_k)] = 0$ 便可得到

$$\mathbb{E}_{q(\boldsymbol{R}_{i,k})}[\boldsymbol{\theta}_{x_{i,k}} - \boldsymbol{\theta}_{\overline{x}_k}] + \frac{1}{N} \mathbb{E}_{q(\boldsymbol{R}_{i,k})}[\boldsymbol{\theta}_{\overline{x}_k} - \boldsymbol{\theta}_{\hat{x}_k}] = 0 \tag{3.65}$$

因此,全局最优解 $\boldsymbol{\theta}^*_{\hat{x}_k}$ 可以表示为

$$\boldsymbol{\theta}^*_{\hat{x}_k} = -(N-1)\boldsymbol{\theta}_{\overline{x}_k} + \sum_{i=1}^{N} \mathbb{E}_{q(\boldsymbol{R}_{i,k})}[\boldsymbol{\theta}_{x_{i,k}}] \tag{3.66}$$

用类似的方法,令 $\nabla_{\boldsymbol{\theta}_{\hat{x}_k}} \mathcal{L}_i[q(x_k)]=0$ 便可得到局部最优解,即

$$\boldsymbol{\theta}^*_{\hat{x}_{i,k}} = -(N-1)\boldsymbol{\theta}_{\overline{x}_k} + N\,\mathbb{E}_{q(\boldsymbol{R}_{i,k})}[\boldsymbol{\theta}_{x_{i,k}}] \tag{3.67}$$

结合式(3.66)和式(3.67)可以得到

$$\boldsymbol{\theta}^*_{\hat{x}_k} = \frac{1}{N}\sum_{i=1}^{N} \boldsymbol{\theta}^*_{\hat{x}_{i,k}} \tag{3.68}$$

证毕。

注释 3.2:从定理 3.2 容易看出,全局最优解可以表示为所有局部最优解的平均,这也就意味着任意一个智能体 i 仅需通过和邻居节点的通信,便可通过求解一致性的方式在分布式结构中去逼近全局最优解[16]。在第 3.5 节中,将提出一种基于加权平均一致性的算法,使得所有的智能体都能通过与邻居节点通信的方式来逼近全局估计。

注释 3.3:定理 3.1 和定理 3.2 提供了一个基于 VB 方法的分布式噪声自适应贝叶斯滤波器的总体框架,如图 3.2 所示,其中 $\mathbb{Z}^{-1}$ 表示一个延时单元。本节中推导的 VB - E 和 VB - M 更新步骤一方面解决了噪声统计参数未知的问题,另一方面还能适用于无中心节点的分布式网络结构。此外,参考文献[141]已经证明了 VB 迭代可以收敛到局部最优解。因此,通过递归执行 VB - E和 VB - M 更新,状态的后验分布可以经一致性算法获得,同时仅在局部便可逼近噪声方差的后验分布。

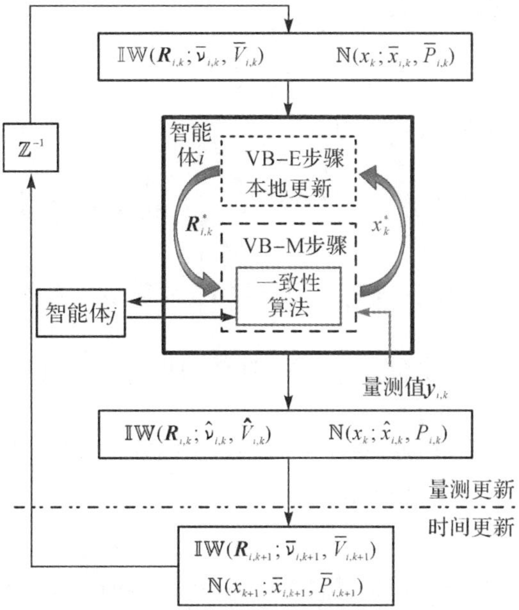

图 3.2　基于 VB 方法的分布式噪声自适应贝叶斯滤波器总体框架

3.4.4　VB-DACIF 算法

定理 3.1 给出了局部变分分布 $q(\boldsymbol{R}_{i,k})$ 的求解方式，其中式(3.48)的期望项可以表示为

$$\begin{aligned}&\mathbb{E}_{q(x_k)}\{[\boldsymbol{y}_{i,k}-h_i(x_k)][\boldsymbol{y}_{i,k}-h_i(x_k)]^{\mathrm{T}}\}\\&=\int[\boldsymbol{y}_{i,k}-h_i(x_k)][\boldsymbol{y}_{i,k}-h_i(x_k)]^{\mathrm{T}}\,\mathbb{N}(x_k;\hat{x}_k,P_k)\,\mathrm{d}x_k\end{aligned}\tag{3.69}$$

显然，由于量测方程 $h_i(x_k)$ 的非线性，式(3.69)中的期望项往往难以直接解析地计算，该积分可通过埃尔米特-高斯求积[126]、无迹求积[127]和容积求积等方法近似。与第 2.3 节保持一致，这里仍采用容积积分规则进行近似计算，简化表述如下：

(1)计算容积点，公式为

$$\zeta_{i,m,k-1}=\bar{\boldsymbol{S}}_{i,k}\xi_m+\bar{x}_{i,k}\tag{3.70}$$

其中：$\bar{\boldsymbol{S}}_{i,k}$ 表示 $\bar{P}_{i,k}$ 的平方根，即 $\bar{\boldsymbol{S}}_{i,k}\bar{\boldsymbol{S}}_{i,k}^{\mathrm{T}}=\bar{P}_{i,k}$。

(2)容积点的量测传播，表达式为

$$\bar{\boldsymbol{Y}}_{i,m,k}=h_i(\zeta_{i,m,k-1})\tag{3.71}$$

其中：$h_i(\cdot)$ 表示智能体 i 的量测方程式(3.18)。

(3)计算预测量测值,表达式为

$$\bar{\boldsymbol{y}}_{i,k}=\frac{1}{2n_x}\sum_{m=1}^{2n_x}\bar{\boldsymbol{Y}}_{i,m,k} \tag{3.72}$$

(4)高斯积分近似,表达式为

$$\mathbb{E}_{q(x_k)}\{[\boldsymbol{y}_{i,k}-h_i(x_k)][\boldsymbol{y}_{i,k}-h_i(x_k)]^{\mathrm{T}}\}\approx\frac{1}{2n_x}\sum_{m=1}^{2n_x}\bar{\boldsymbol{Y}}_{i,m,k}\bar{\boldsymbol{Y}}_{i,m,k}^{\mathrm{T}}-\hat{\boldsymbol{y}}_{i,k}\hat{\boldsymbol{y}}_{i,k}^{\mathrm{T}} \tag{3.73}$$

根据定理3.2,在给定$q(\boldsymbol{R}_{i,k})$的条件下,局部最优自然参数可以表示为$\boldsymbol{\theta}_{\hat{x}_{i,k}}^{*}=\begin{bmatrix}P_{i,k}^{-1}\hat{x}_{i,k}\\-\frac{1}{2}P_{i,k}^{-1}\end{bmatrix}$,其主要包含$P_{i,k}^{-1}\hat{x}_{i,k}$和$P_{i,k}^{-1}$两个部分,其形式与绪论中提到的经典信息滤波一致。因此,本小节引入信息滤波的思想,并定义局部信息向量$\hat{\boldsymbol{\varphi}}_{i,k}$和相应的局部信息矩阵$\hat{\boldsymbol{\Phi}}_{i,k}$:

$$\hat{\boldsymbol{\Phi}}_{i,k}\triangleq P_{i,k}^{-1},\quad \hat{\boldsymbol{\varphi}}_{i,k}\triangleq P_{i,k}^{-1}\hat{x}_{i,k}=\hat{\boldsymbol{\Phi}}_{i,k}\hat{x}_{i,k} \tag{3.74}$$

根据传统的容积信息滤波算法(Cubature Information Filter, CIF)[144],可按照如下形式完成对$\hat{\boldsymbol{\varphi}}_{i,k}$和$\hat{\boldsymbol{\Phi}}_{i,k}$的更新:

$$\hat{\boldsymbol{\varphi}}_{i,k}=\bar{\varphi}_{i,k}+\boldsymbol{\zeta}_{i,k} \tag{3.75}$$

$$\hat{\boldsymbol{\Phi}}_{i,k}=\bar{\Phi}_{i,k}+\boldsymbol{\Xi}_{i,k} \tag{3.76}$$

其中:用$\boldsymbol{\zeta}_{i,k}$和$\boldsymbol{\Xi}_{i,k}$分别表示局部的信息贡献向量和其相应的信息贡献矩阵;$\bar{\varphi}_{i,k}\triangleq\bar{P}_{i,k}^{-1}\bar{x}_{i,k}$;$\bar{\Phi}_{i,k}\triangleq\bar{P}_{i,k}^{-1}$。此外,$\boldsymbol{\zeta}_{i,k}$和$\boldsymbol{\Xi}_{i,k}$可局部获得,具体形式如下:

$$\boldsymbol{\zeta}_{i,k}=\bar{\boldsymbol{H}}_{i,k}^{\mathrm{T}}\hat{\boldsymbol{R}}_{i,k}^{-1}(\bar{\boldsymbol{y}}_{i,k}+\bar{\boldsymbol{H}}_{i,k}\bar{x}_{i,k}) \tag{3.77}$$

$$\boldsymbol{\Xi}_{i,k}=\bar{\boldsymbol{H}}_{i,k}^{\mathrm{T}}\hat{\boldsymbol{R}}_{i,k}^{-1}\bar{\boldsymbol{H}}_{i,k} \tag{3.78}$$

其中:$\bar{\boldsymbol{H}}_{i,k}\triangleq(\bar{P}_{i,k}^{-1}\boldsymbol{P}_{i,xy,k})^{\mathrm{T}}$表示伪观测矩阵;$\bar{\boldsymbol{y}}_{i,k}=\boldsymbol{y}_{i,k}-\hat{\boldsymbol{y}}_{i,k}$表示量测残差;$\hat{\boldsymbol{R}}_{i,k}=\dfrac{\hat{V}_{i,k}}{\hat{\nu}_{i,k}-m_i-1}$。此外,互协方差$\boldsymbol{P}_{i,xy,k}$可通过传统的CIF计算得到[144],即

$$\boldsymbol{P}_{i,xy,k}=\frac{1}{2n_x}\sum_{m=1}^{2n_x}\zeta_{i,m,k-1}\bar{\boldsymbol{Y}}_{i,m,k}^{\mathrm{T}}-\bar{x}_{i,k}\bar{\boldsymbol{y}}_{i,k}^{\mathrm{T}} \tag{3.79}$$

根据式(3.61)可知,在分布式网络中,各智能体在局部计算得到的局部最优解$\boldsymbol{\theta}_{i,k}^{*}$经与邻居节点的通信并完成一致性计算后可逼近全局最优解$\boldsymbol{\theta}_{k}^{*}$。具体而言,基于加权平均一致性的迭代过程可以表示为

$$\hat{\varphi}_{i,k}^{(l)}=\sum_{j\in\mathcal{N}}a_{ij}\hat{\varphi}_{i,k}^{(l-1)} \tag{3.80}$$

$$\hat{\Phi}_{i,k}^{(l)}=\sum_{j\in\mathcal{N}}a_{ij}\hat{\Phi}_{i,k}^{(l-1)} \tag{3.81}$$

其中：$l=1,2,\cdots,L$ 表示一致性步数。

表 3.1 总结了基于变分贝叶斯技术的分布式自适应容积信息滤波(VB-DACIF)算法在 k 时刻的主要步骤。

表 3.1　VB-DACIF 算法在 k 时刻的主要步骤

在 k 时刻，获取先验预测信息 $\hat{x}_{i,k}^{(0)}=\overline{x}_{i,k}$，$P_{i,k}^{(0)}=\overline{P}_{i,k}$，$\overline{\nu}_{i,k}$，以及 $\overline{V}_{i,k}$。

量测更新：

(1)根据式(3.47)计算参数 $\hat{\nu}_{i,k}$。

(2)执行 VB 迭代：

For $s=1$ to S

VB-E：

(a) 基于经典的 CKF 算法，利用式(3.73)计算下式的高斯积分近似：

$$\mathbb{E}_{q(x_k)}\{[\boldsymbol{y}_{i,k}-h_i(x_k)][\boldsymbol{y}_{i,k}-h_i(x_k)]^{\mathrm{T}}\}$$

(b) 根据式(3.48)计算局部变分参数 $\hat{V}_{i,k}^{(s)}$。

VB-M：

(a) 基于传统的 CIF 算法，利用式(3.75)和式(3.76)计算信息向量 $\hat{\boldsymbol{\varphi}}_{i,k}^{(s,0)}$ 和信息矩阵 $\hat{\boldsymbol{\Phi}}_{i,k}^{(s,0)}$；

(b) 执行一致性迭代：

For $l=1$ to L

$$\hat{\varphi}_{i,k}^{(s,l)}=\sum_{j\in\mathcal{N}}a_{ij}\hat{\varphi}_{i,k}^{(s,l-1)}$$

$$\hat{\Phi}_{i,k}^{(s,l)}=\sum_{j\in\mathcal{N}}a_{ij}\hat{\Phi}_{i,k}^{(s,l-1)}$$

End For

(c)更新局部状态估计和估计方差：

$$P_{i,k}^{(s)}=(\hat{\Phi}_{i,k}^{(s,L)})^{-1}$$

$$\hat{x}_{i,k}^{(s)}=P_{i,k}^{(s)}\hat{\varphi}_{i,k}^{(s,L)}$$

End For

(3) 更新 k 时刻的最优状态估计 $\hat{x}_{i,k}$、估计方差 $P_{i,k}$ 及参数 $\hat{V}_{i,k}$：

$$\hat{x}_{i,k}=\hat{x}_{i,k}^{(S)},\quad P_{i,k}=P_{i,k}^{(S)},\quad \hat{V}_{i,k}=\hat{V}_{i,k}^{(S)}$$

(4) 计算未知噪声方差的期望 $\mathbb{E}\{\boldsymbol{R}_{i,k}\}=\dfrac{\hat{V}_{i,k}}{\hat{\nu}_{i,k}-m_i-1}$。

预测：

(5) 更新参数预测：

$$\overline{\nu}_{i,k+1}=\rho(\hat{\nu}_{i,k}-m_i-1)+m_i+1$$

$$\overline{V}_{i,k+1}=\boldsymbol{B}\hat{V}_{i,k}\boldsymbol{B}^{\mathrm{T}}$$

(6) 基于经典的 CKF，利用式(3.37)和式(3.41)计算 $\overline{x}_{i,k+1}$ 和 $\overline{P}_{i,k+1}$。

3.4.5 算法复杂度分析

本小节从等效浮点(Equivalent Flop，EF)复杂度的角度讨论所提算法的计算复杂度。EF 复杂度被定义为与操作产生相同计算时间的操作数。表 3.2 总结了一些常见矩阵运算的 EF 复杂度。

表 3.2 几种常见矩阵运算的 EF 复杂度

运 算	大 小	复杂度
$\boldsymbol{A}+\boldsymbol{A}$	$\boldsymbol{A}\in\mathbb{R}^{n\times m}$	nm
$\boldsymbol{A}\cdot\boldsymbol{B}$	$\boldsymbol{A}\in\mathbb{R}^{n\times m}$、$\boldsymbol{B}\in\mathbb{R}^{m\times l}$	$2mnl-nl$
$\boldsymbol{C}^{-1}$	$\boldsymbol{C}\in\mathbb{R}^{n\times n}$	n^3
$\mathrm{chol}(\boldsymbol{D})$	$\boldsymbol{D}\in\mathbb{R}^{n\times n}$	$\frac{1}{3}n^3$

根据表 3.1 中所给的算法，我们给出了智能体 i 在时间 k 时刻每个阶段的 EF 复杂度，如表 3.3 所示。表中 S 和 L 分别表示 VB 迭代次数和一致性步数，n_x 和 m_i 分别表示状态和量测的维度，$|\mathcal{N}_i|$表示智能体 i 的邻居节点总数。

表 3.3 k 时刻智能体 i 各个阶段的 EF 复杂度

步 骤	运 算	复杂度	小 计
VB - E	式(3.56)	1	$S\left(\frac{1}{3}n_x^3+2n_x^2+2n_xm_i^2+6n_xm_i+3m_i^2-2m_i+1\right)$
	$\overline{S}_{i,k}=\mathrm{chol}(\overline{P}_{i,k})$	$\frac{1}{3}n_x^3$	
	式(3.70)	$2n_x^2$	
	式(3.71)	$2n_xm_i-m_i$	
	式(3.72)	$2n_xm_i-m_i$	
	式(3.73)	$2n_xm_i^2+2n_xm_i+m_i^2$	
	式(3.57)	$2m_i^2$	
VB - M	$\hat{R}_{i,k}=\frac{\hat{V}_{i,k}}{\hat{\nu}_{i,k}-m_i-1}$	m_i^2+3	
	$\overline{S}_{i,k}=\mathrm{chol}(\overline{P}_{i,k})$	$\frac{1}{3}n_x^3$	
	式(3.70)	$2n_x^2$	
	式(3.71)	$2n_xm_i-m_i$	
	式(3.72)	$2n_xm_i-m_i$	

续表

步　骤	运　算	复杂度	小　计
VB - M	式(3.79)	$4n_x^2m_i$	$S\left[\frac{13}{3}n_x^3+8n_x^2m_i+n_x^2(\|\mathcal{N}_i\|L+6)+2n_xm_i^2+6n_xm_i+n_x(2\|\mathcal{N}_i\|L-2)+m_i^2-m_i+3\right]$
	$\widetilde{H}=\overline{P}_{i,k}^{-1}\boldsymbol{P}_{i,xy,k}$	$n_x^3+2n_x^2m_i-n_xm_i$	
	$\widetilde{y}_{i,k}=y_{i,k}-\hat{y}_{i,k}$	m_i	
	$\overline{\varphi}_{i,k}=\overline{P}_{i,k}^{-1}\overline{x}_{i,k}$	$n_x^3+2n_x^2-n_x$	
	$\overline{\Phi}_{i,k}=\overline{P}_{i,k}^{-1}$	n_x^3	
	式(3.77)	$2n_xm_i^2+3n_xm_i-n_x$	
	式(3.78)	$2n_x^2m_i-n_x^2+2n_xm_i^2-n_xm_i$	
	式(3.75)	n_x	
	式(3.76)	n_x^2	
	式(3.80)	$2n_x\|\mathcal{N}_i\|$	
	式(3.81)	$n_x^2\|\mathcal{N}_i\|$	
	$P_{i,k}^{(s)}=(\hat{\Phi}_{i,k}^{(s,L)})^{-1}$	n_x^3	
	$\hat{x}_{i,k}^{(s)}=P_{i,k}^{(s)}\hat{\varphi}_{i,k}^{(s,L)}$	$2n_x^2-n_x$	
预测	式(3.26)	5	$2n_x^3+10n_x^2-2n_x+4m_i^3-2m_i^2+5$
	式(3.27)	$4m_i^3-2m_i^2$	
	式(3.37)	$2n_x^2$	
	式(3.39)	$2n_x^2-n_x$	
	式(3.40)	$2n_x^2-n_x$	
	式(3.41)	$2n_x^3+4n_x^2$	
总计			$S\left[\frac{14}{3}n_x^3+8n_x^2m_i+n_x^2(\|\mathcal{N}_i\|L+8)+4n_xm_i^2+12n_xm_i+n_x(2\|\mathcal{N}_i\|L-2)+4m_i^2-3m_i+4\right]+2n_x^3+10n_x^2-2n_x+4m_i^3-2m_i^2+5$

值得注意的是，集中式算法的计算量全部由中心节点承担，而分布式算法的计算量由所有节点分担。因此，集中式算法的计算复杂度用中心节点表示，而分布式算法的计算复杂度用单个节点的平均计算消耗来表示。如表 3.3 所示，本章所提算法的总体复杂度为 $O(n^3)+O(m_i^3)$。也就是说，VB - DACIF 算法的复杂度是状态维和测量维的三次方关系，这与集中式确定性采样非线性滤波算法相同[90,145]。

此外，由于集中式方法与分布式方法的区别主要体现在一致性步骤中，因此重点研究一致性步骤的计算复杂度。通过表 3.3 可以看出，一致性步骤的计算复杂度为 $n_x^2|\mathcal{N}_i|L+2n_x|\mathcal{N}_i|L$，其仅依赖于邻居节点的信息。相比之下，参考文献[102]中所提的集中式算法需要中心节点对网络中所有节点的信息进行融合，其计算复杂度与网络节点总数 N 相关，为 $n_x^2N-n_x^2+2n_xN-n_x$。显然，对于超大型网络结构($N-|\mathcal{N}_i|L\gg1$)的应用情景，本章提出的算法能极大地减少各个节点的计算消耗。

注释 3.4：本章重点研究了噪声方差未知情形下的分布式贝叶斯滤波器设计问题，在两次量测更新期间，各个智能体与其邻居节点相互传递了 L 次局部信息以收敛至全局最优估计。显然，过多的交互传递会导致通信损耗增加[57]，因此为了减少通信损耗，可以适当地减小 L。参考文献[29,47]针对这一问题，研究了一致性迭代次数 L 对滤波器性能的影响，其研究结果表明，仅需保证 $L\geqslant1$ 便能保证均方估计误差的有界性和估计误差的指数收敛性。此外，也有学者提出了通过事件驱动的方式来降低通信损耗，参考文献[122]将通信频率对估计精度的影响进行了量化和分析。

3.5 仿真验证

本节用一个目标跟踪问题来验证所提出的 VB - DACIF 的有效性。假定目标在二维平面中以恒定速度和未知恒定转动率 Ω 移动。目标动力学可以用匀速圆周模型建模，该模型在目标跟踪问题中得到了广泛的应用[102,146-147]，即

$$x_{k+1}=\boldsymbol{F}_{ct}\boldsymbol{x}_k+\boldsymbol{G}_{ct}\boldsymbol{w}_k \tag{3.82}$$

其中：$\boldsymbol{x}_k=[\varepsilon_k \quad \dot{\varepsilon}_k \quad \vartheta_k \quad \dot{\vartheta}_k \quad \Omega_k]^{\mathrm{T}}$ 为状态向量，ε_k 和 $\dot{\varepsilon}_k$ 分别代表沿着 x 轴方向的位置和速度，ϑ_k 和 $\dot{\vartheta}_k$ 分别代表沿着 y 轴方向的位置和速度；$\boldsymbol{w}_k=[w_1 \quad w_2 \quad w_3]_k^{\mathrm{T}}$ 表示均值为零、方差为 $\boldsymbol{Q}_k=\mathrm{diag}\{[w_1^2,w_2^2,w_3^2]\}$ 的高斯过程噪声，其中 w_1、w_2 和 w_3 分别代表 x 轴方向的加速度噪声、y 轴方向的加速度噪

声以及转弯速率噪声；矩阵 $\boldsymbol{F}_a$ 和 $\boldsymbol{G}_a$ 的定义和参考文献[147]一致，如下所示：

$$\boldsymbol{F}_a = \begin{bmatrix} 1 & \dfrac{\sin(\hat{\Omega}_k T)}{\hat{\Omega}_k} & 0 & -\dfrac{1-\cos(\hat{\Omega}_k T)}{\hat{\Omega}_k} & 0 \\ 0 & \cos(\hat{\Omega}_k T) & 0 & -\sin(\hat{\Omega}_k T) & 0 \\ 0 & \dfrac{1-\cos(\hat{\Omega}_k T)}{\hat{\Omega}_k} & 1 & \dfrac{\sin(\hat{\Omega}_k T)}{\hat{\Omega}_k} & 0 \\ 0 & \sin(\hat{\Omega}_k T) & 0 & \cos(\hat{\Omega}_k T) & 0 \\ 0 & 0 & 0 & 0 & 0 \end{bmatrix} \tag{3.83}$$

$$\boldsymbol{G}_a = \begin{bmatrix} \dfrac{T^2}{2} & 0 & 0 \\ T & 0 & 0 \\ 0 & \dfrac{T^2}{2} & 0 \\ 0 & T & 0 \\ 0 & 0 & 1 \end{bmatrix} \tag{3.84}$$

令目标初始状态为 $\boldsymbol{x}_0 = [-1\,400\ \text{m} \quad 20\ \text{m/s} \quad 0\ \text{m} \quad 20\ \text{m/s} \quad 0.1\ \text{rad/s}]^{\mathrm{T}}$，噪声项为 $w_1^2 = w_2^2 = 0.000\,1$，$w_3^2 = 10^{-5}$，采样时间 $T = 5$ s，并根据运动方程式(3.82)生成目标轨迹。假设分布式观测网络由 $N=6$ 个智能体构成，智能体间的通信拓扑关系如图 2.2 所示。

根据智能体之间的通信拓扑，可将邻接矩阵内的元素具体设置如下：

$$a_{ij} = \begin{cases} \dfrac{1}{|\mathcal{N}_i|}, & (i,j) \in \mathcal{E} \\ 0, & \text{其他} \end{cases} \tag{3.85}$$

进一步假设智能体 $i(i=1,2,\cdots,N)$ 可测量目标的角度信息如下：

$$z_{i,k} = \arctan\left(\frac{\vartheta_k - \vartheta_i}{\varepsilon_k - \varepsilon_i}\right) + \nu_{i,k} \tag{3.86}$$

其中：$\nu_{i,k}$ 表示均值为零、方差 $\boldsymbol{R}_{i,k}$ 未知的高斯量测噪声，且 $(\varepsilon_i, \vartheta_i)$ 表示第 i 个智能体的位置，位置信息具体设置为

$$\varepsilon_i = -2\,500 + 500i \tag{3.87}$$

$$\vartheta_i = 500 + 200\,(-1)^i\,(i-1)^2 \tag{3.88}$$

由于智能体无法精确获得目标的初始状态信息，因此将各智能体内滤波器的初始状态设置为 $\bar{x}_{i,0} = x_0 + \Delta\boldsymbol{x}_{i,0}$ 和 $\bar{P}_{i,0} = \operatorname{diag}\{[\Delta\varepsilon_k^2, \Delta\dot{\varepsilon}_k^2, \Delta\vartheta_k^2, \Delta\dot{\vartheta}_k^2, \Delta\Omega_k^2]\}$，其中

$$\begin{aligned}\Delta \boldsymbol{x}_{i,0} &= [\Delta\varepsilon_k \quad \Delta\dot{\varepsilon}_k \quad \Delta\vartheta_k \quad \Delta\dot{\vartheta}_k \quad \Delta\Omega_k]^{\mathrm{T}} \\ &= [70 \quad -9 \quad -70 \quad -16 \quad 0.1]^{\mathrm{T}} + (i-1)[5 \quad 5 \quad 5 \quad 5 \quad 0]^{\mathrm{T}}\end{aligned} \tag{3.89}$$

和参考文献[148]一致，令量测噪声的方差为 $\boldsymbol{R}_{i,k}=1.6+3.2\{1+\tanh[0.1T(k-T_f/4)]\}$，其中 $T_f=500$ s 表示仿真总时长。假设所有智能体的渐消因子为 $\rho=0.5$，令初始参数 $q(R_{i,0})$ 和 $\nu_{i,0}$ 为 1，而 $V_{i,0}$ 由均匀分布 $\mathbb{U}(0,1)$ 随机产生。在不特别说明的情形下，取 VB 迭代次数和一致性步数分别为 $S=5$ 和 $L=3$。

经过 $N_{\mathrm{ment}}=500$ 次蒙特卡洛试验得到仿真结果，图 3.3 和图 3.4 分别展示了各个智能体对目标轨迹以及噪声方差的估计情况。图 3.3 中“△”表示各智能体的位置，“□”表示目标的真实起点，“ * ”表示各智能体对目标起点的估计，“。”表示目标的终点，蓝色实线表示目标的真实轨迹，其他实线表示各个智能体对目标轨迹的估计。显然，本章提出的 VB－DACIF 算法能准确估计目标的状态并跟踪时变的噪声方差。

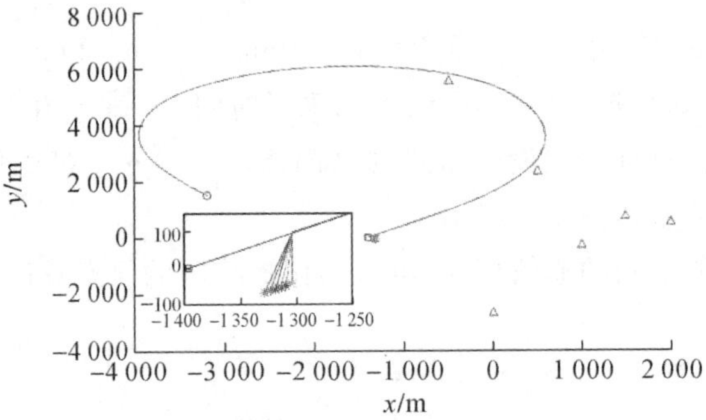

图 3.3　各智能体的目标估计轨迹

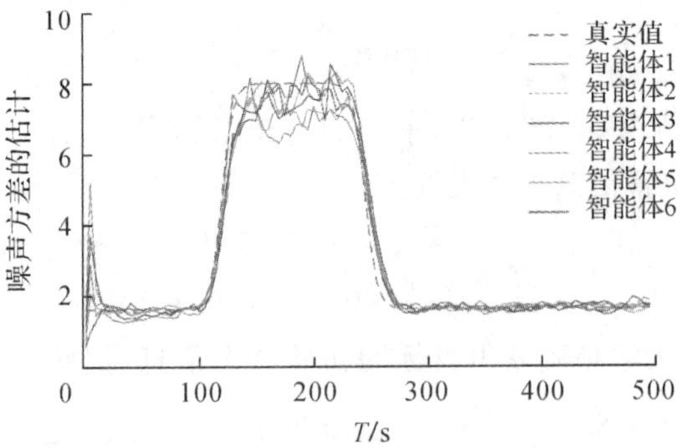

图 3.4　各智能体的噪声方差估计

为了进一步展现 VB－DACIF 算法的有效性，将其与如下 3 种算法进行横向对比：

(1)参考文献[102]中提出的基于 VB 方法的集中式自适应容积信息滤波(VB－ACIFW)算法，该算法将未知的噪声统计参数建模为威沙特分布。

(2)参考文献[125]中提出的集中式容积信息滤波(CCIF)算法，该算法要求先验已知噪声的统计参数。

(3)参考文献[146]中提出的分布式容积信息滤波(DCIF)算法，该算法也要求先验已知噪声的统计参数。

和第 2 章一样，本小节仍采用均方误差 MSE 来评价滤波器的跟踪性能，其定义如下：

$$\mathrm{MSE}_k = \frac{1}{N}\sum_{i=1}^{N}\left[\frac{1}{N_{\mathrm{ment}}}\sum_{j=1}^{N_{\mathrm{ment}}}(\hat{x}_{i,k}^{j}-x_k)^{\mathrm{T}}(\hat{x}_{i,k}^{j}-x_k)\right] \tag{3.90}$$

为了进一步比较不同算法对噪声方差估计的性能，我们参照 MSE 的定义给出了噪声估计总方差的定义：

$$\mathrm{TEER}_k = \frac{1}{N}\sum_{i=1}^{N}\left(\frac{1}{N_{\mathrm{ment}}}\sum_{j=1}^{N_{\mathrm{ment}}}\|\hat{\boldsymbol{R}}_{i,k}^{j}-\boldsymbol{R}_k\|\right) \tag{3.91}$$

图 3.5 和图 3.6 分别比较了 VB－DACIF、VBACIF－W、CCIF 和 DCIF 的位置均方误差以及速度均方误差，各个算法相应的估计误差对比在表 3.4 中给出。显然，VB－DACIF 和 VBACIF－W 能精确地估计目标的状态，并通过 VB 迭代同时实现对未知噪声方差的准确估计。此外，从仿真结果中不难发现，相比于未知噪声的算法 VB－DACIF 和 VBACIF－W，先验已知噪声参数的算法 CCIF 和 DCIF 能够达到更高的收敛精度，更重要的是，在相同的条件下，分布式算法完全能达到集中式算法的估计精度。比如，相比于集中式的 VBACIF－W，分布式的 VB－DACIF 的位置估计误差与 VBACIF－W 基本相同，VB－DACIF 的速度估计误差甚至略低于 VBACIF－W。导致这一结果的主要原因是每个智能体局部证据下界 $\mathcal{L}_i(q)$ 的和可能超过全局证据下界 $\mathcal{L}(q)$[149]，也就是说，$\sum_{i=1}^{N}\mathcal{L}_i(q)\geqslant\mathcal{L}(q)$。

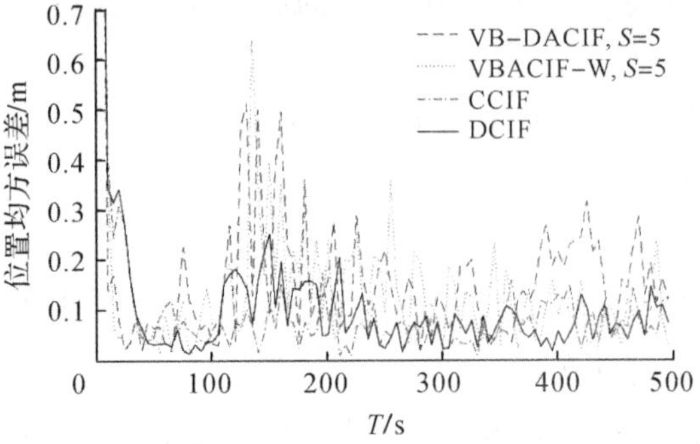

图 3.5　不同算法的位置均方误差对比

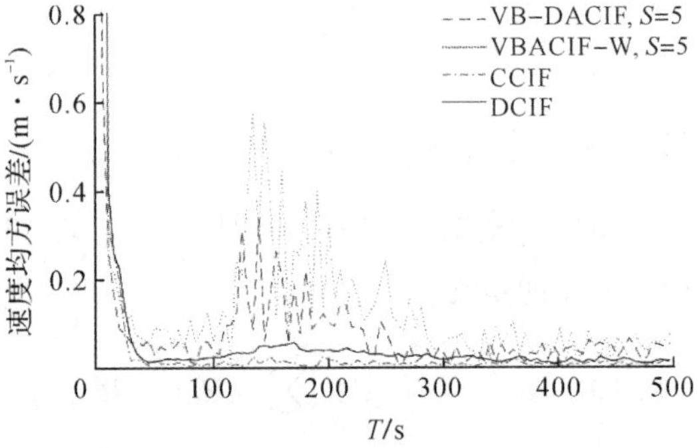

图 3.6　不同算法的速度均方误差对比

表 3.4　不同算法的估计误差对比和 CPU 耗时对比

算　法	位置均方误差 /m	速度均方误差/(m·s^{-1})	CPU 耗时/s
VB - DACIF	1.174 8	0.308 6	0.173 9
VBACIF - W	1.124 6	0.400 7	0.745 8
CCIF	1.084 2	0.195 1	0.533 4
DCIF	1.094 8	0.215 9	0.094 8

与此同时，为了直观地比较不同算法的复杂度，表 3.4 中记录了不同算法的平均 CPU 耗时情况。可以看出，与集中式算法相比，分布式算法中各节点的平均计算消耗更小。这一现象背后的原因是，参考文献[102,125]中提出的集中式算法需要收集所有智能体的局部信息向量 $\hat{\boldsymbol{\varphi}}_{i,k}$ 和局部信息矩阵 $\hat{\boldsymbol{\Phi}}_{i,k}$ 并

将它们进行线性组合。然而，本章提出的 VB－DACIF 算法和参考文献[146]中提出的 DCIF 算法只需要在邻居节点之间相互传递信息。此外，相比于 DCIF 算法，虽然本章所提的 VB－DACIF 算法为了估计未知的噪声方差消耗了更多的计算资源，但显然本章所提算法的适用性更广。

图 3.7 比较了 VB－DACIF 和 VBACIF－W 这两种算法的噪声方差的估计误差。仿真结果表明，在各个智能体仅仅与其邻居节点进行 $L=3$ 次通信的条件下，VB－DACIF 的噪声估计效果便能与集中式的 VBACIF－W 估计效果媲美。

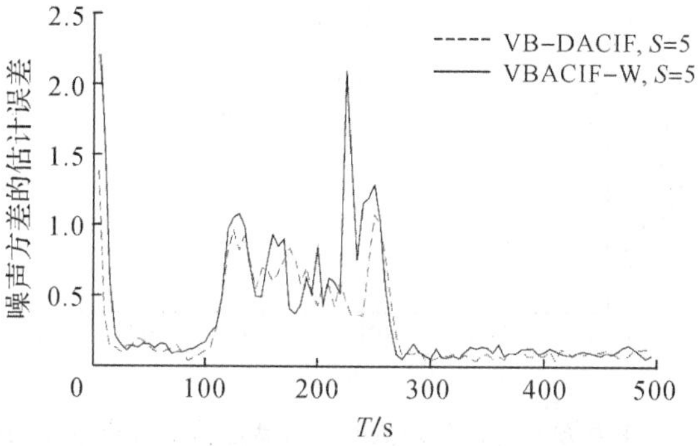

图 3.7　VB－DACIF 和 VBACIF－W 的噪声方差的估计误差对比

考虑到 VB 迭代次数可能是影响 VB－DACIF 性能的一个因素，进一步比较了不同 VB 迭代次数 S 下的噪声方差的估计误差（见图 3.8）。仿真结果表明，当$S=2,3,5$ 时，噪声估计精度会随着迭代次数的增多而提高，但随着 VB 迭代次数的进一步增加并不能明显地提高估计精度，反而会无谓地增加计算资源的消耗。

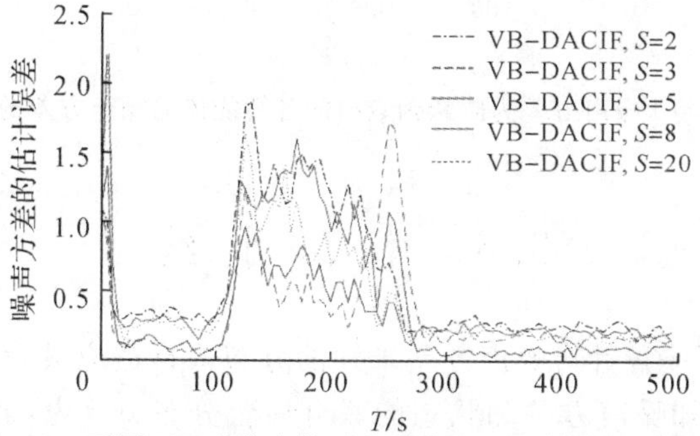

图 3.8　不同 VB 迭代次数下的噪声方差的估计误差对比

为了进一步说明该方法的有效性，此处额外增加两个场景：一是假设时变的噪声方差为正弦函数，二是假设时变的噪声方差为阶跃函数，即

$$R_{i,k}^{(\sin)} = 5 + 3\sin(0.04T_k) \tag{3.92}$$

$$R_{i,k}^{(\text{step})} = \begin{cases} 2, & \sin(0.04T_k) < 0 \\ 8, & \text{其他} \end{cases} \tag{3.93}$$

如图 3.9 和图 3.10 所示，对于各类不同的时变噪声方差，本章提出的算法均能精确估计并稳定跟踪，仿真结果展现了本章提出的算法的鲁棒性。

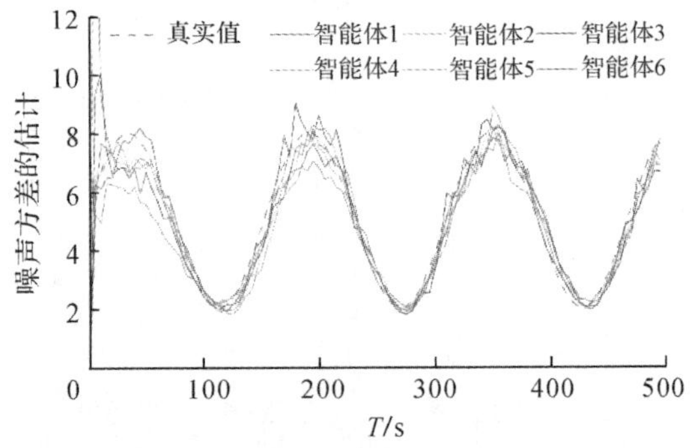

图 3.9　噪声方差为正弦函数时的各智能体的噪声方差的估计

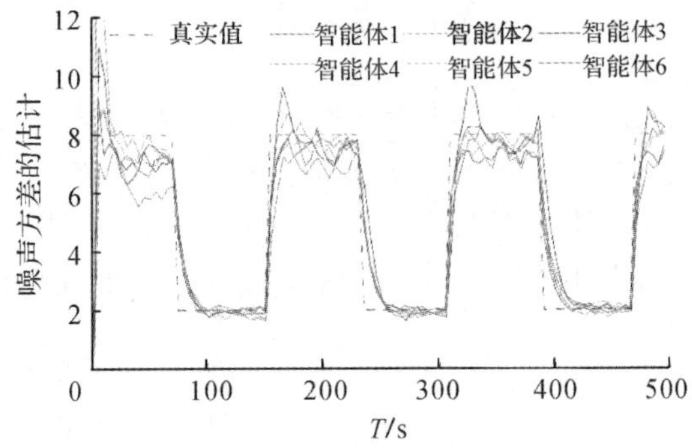

图 3.10　噪声方差为阶跃函数时的各智能体的噪声方差的估计

3.6　本章小结

本章研究了一种针对噪声方差未知的分布式自适应贝叶斯滤波器，采用 VB 方法逼近未知噪声方差和状态的联合后验分布。首先，通过分解全局证

据下界，提出了一种分布式自适应贝叶斯滤波结构，在该结构下，噪声方差的估计可以由每个智能体局部获得，而全局状态估计则可以通过局部信息的加权一致性平均来逼近。然后，引入容积积分规则和信息滤波框架，提出了一种基于 VB 方法的分布式自适应容积信息滤波器。最后，以非合作目标跟踪为应用背景开展仿真，仿真结果说明了 VB－DACIF 算法的有效性。

第 4 章　基于模糊可能性技术的分布式模糊滤波算法

第 3 章在分布式网络中研究了噪声方差未知的问题，但其仍然依赖于先验已知噪声的准确统计模型(如高斯分布)。实际上，目前大多数分布式卡尔曼滤波算法都依赖于准确的概率模型。但是，在实际应用过程中，传感器的漂移、噪声分布的不均匀，甚至是不确定的外部输入都会导致系统呈现出模糊不确定性。这些不确定性难以用某种精确的概率模型去描述，导致了现有的大量分布式估计方法不再适用，因此本章将重点针对模糊不确定的噪声，基于模糊可能性技术开展分布式估计算法研究。

4.1 引　言

当前较为主流的分布式卡尔曼滤波器主要包含卡尔曼一致性滤波(KCF)和扩散卡尔曼滤波(DKF)。KCF 方法通过在卡尔曼滤波结构中加入一致性项，在适当的通信拓扑和可观性假设条件下，各个智能体通过与邻居节点的通信实现各个局部状态[16-17,122]、局部量测[43,150]或者局部信息上的一致，使得各个智能体的估计值能逼近集中式的估计值或一致收敛到某个最优条件下的融合结果[138]。在该框架下，一些学者展开了广泛、细致的研究。例如：参考文献[151]将局部可观性假设拓展至全局可观性假设；参考文献[87,137]讨论了切换通信拓扑条件下的滤波器设计，并研究了量测丢失和通信故障条件下的估计方法。另外，DKF 方法则是直接将邻居节点经标准卡尔曼滤波器更新的估计值进行融合[26-29]。例如，参考文献[27]提出了一种基于协方差求交(CI)的方法，该算法使用局部信息的凸组合将具有未知相关性的估计进行融合，其中组合权重的优化是基于某种特定的优化准则，如最小迹或最小行列式等[27-29]。值得一提的是，参考文献[47]通过对局部概率密度函数的一致性求解提出了一种更一般化的分布式贝叶斯估计方法，在高斯线性的假设下，该方法与参考文献[16]提出的 CI 方法形式一致。

本章主要研究含模糊噪声的线性系统的分布式状态估计问题，为了表示噪声的模糊不确定性，引入模糊变量，并将其建模为梯形可能性分布。在智能体仅与邻域通信的分布式网络结构中，本章提出的基于可能性框架的分布式模糊信息滤波(DFIF)算法可以实现对系统状态的一致性估计。本章的主要贡献如下：

(1)提出了一种新的模糊信息融合(FIF)算法来融合来自不同智能体的模糊不确定性状态估计。此外，从模糊的角度重新定义了一致性，保证了融合估计的一致性，即不确定性矩阵的估计值是其真值的一个上界。本章提出的算法保证了融合前后可能性分布形式的一致性，这使得本章提出的算法比现有的许多模糊融合方法更适合卡尔曼滤波迭代[152]。

(2)将所提的 FIF 算法嵌入分布式估计框架中，提出了一种分布式模糊信息滤波(DFIF)算法，该算法能在信息向量和信息矩阵上达到加权平均一致。此外，不同于许多需要多次甚至无限次通信的分布式一致性算法[17, 22,27,48]，本章提出的 DFIF 算法仅需 1 次通信便能保证其稳定性，并不需要任何的全局参数。

(3)在适当的可观测性和连通性假设下，本章研究了 DFIF 算法的稳定性。借助于参考文献[47]中提出的引理，证明了 DFIF 算法在不考虑一致迭代步数的情况下仍能保证算法的稳定性，即分布式估计是一致的且相应的估计误差有界。

本章的结构如下：第 4.2 节给出模糊变量的定义并推导针对模糊噪声的模糊卡尔曼滤波；第 4.3 节重新定义模糊变量的一致融合条件，并详细描述模糊噪声条件下的分布式估计问题；第 4.4 节提出一种分布式模糊信息融合算法，并在此基础上推导分布式模糊估计算法，进一步分析所提算法的稳定性；第 4.5 节以经典匀速(CV)跟踪问题为背景仿真验证本章所提算法的有效性；第 4.6 节对本章内容进行总结。

这里，首先对一些符号进行定义，便于后文的描述和证明推导：$\mathbb{E}[\cdot]$表示随机变量的期望；$\mathbb{C}[\cdot]$和$\mathbb{U}[\cdot]$分别表示模糊变量的中心梯度和不确定度；$\mathbb{U}[\cdot]$表示 n 维欧式空间；$\mathbb{R}^{n\times m}$表示所有 $n\times m$ 的实矩阵的集合；$\mathbb{Z}^{+}$表示正整数集；ceil$\{\cdot\}$表示向上取整函数；tr$(\boldsymbol{X})$表示矩阵 $\boldsymbol{X}$ 的迹；不等式 $\boldsymbol{A}\geqslant\boldsymbol{B}$ 表示一种半正定关系，即当且仅当 $\boldsymbol{A}-\boldsymbol{B}$ 是半正定矩阵时记作 $\boldsymbol{A}\geqslant\boldsymbol{B}$。为了简化书写，将预测估计$\{\cdot\}_{k|k-1}$简化表示为$\{\overline{\cdot}\}_k$，将后验估计$\{\cdot\}_{k|k_1}$简化表示为$\{\hat{\cdot}\}_k$。

4.2 模糊卡尔曼滤波

本节中，首先简要介绍模糊变量的定义，并研究不确定度的度量，然后基于最小不确定度推导针对模糊噪声的模糊卡尔曼滤波算法。

4.2.1 模糊变量与不确定度

可能性分布理论是由 Zadeh 提出的，最初是为了处理由于语言陈述提供的信息不完全而导致的不精确和不确定性[74]。这种认识上的不确定性不能用单一的概率分布来处理，尤其是在缺乏关于概率分布性质的先验知识的情况下。

可能性分布 π 是从论域 Ω 到闭区间[0,1]上的一种映射关系，其中论域 Ω 可能是完全有序的离散事件集合 $\Omega=\{x_1,x_2,\cdots,x_q\}$ 或是连续域 $\Omega=\mathbb{R}$。令变量 x 表示论域 Ω 内的事件或状态，那么函数 $\pi_\Omega(x)$ 则被称为 x 在论域 Ω 中的可能性测度（也可称之为隶属度）。隶属度函数 $\pi_\Omega(x)$ 实际上表示对事物实际状态 x 的一种认知，主要区分什么是可信的、什么是合理的、什么是不合理的，即当 $\pi_\Omega(x)=1$ 时表示状态 x 是完全可能的（可信的），当 $0<\pi_\Omega(x)<1$ 时表示状态 x 是合理可接受的，当 $\pi_\Omega(x)=0$ 时表示状态 x 因不合理而被拒绝。参考文献[153]将隶属度函数分为三类：偏小型、中间型和偏大型。

（1）偏小型，表达式为

$$\pi_\Omega(x)=\begin{cases}1, & x<a\\ R\left(\dfrac{x-b}{b-a}\right), & a\leqslant x\leqslant b\\ 0, & b<x\end{cases}\tag{4.1}$$

（2）中间型，表达式为

$$\pi_\Omega(x)=\begin{cases}L\left(\dfrac{b-x}{b-a}\right), & a\leqslant x<b\\ 1, & b\leqslant x<c\\ R\left(\dfrac{x-c}{d-c}\right), & c\leqslant x\leqslant d\\ 0, & \text{其他}\end{cases}\tag{4.2}$$

(3)偏大型,表达式为

$$\pi_{\Omega}(x)=\begin{cases}0, & x<a\\ L\left(\dfrac{x-a}{b-a}\right), & a\leqslant x\leqslant b\\ 1, & b<x\end{cases} \tag{4.3}$$

其中:$L(\cdot)$和$R(\cdot)$表示定义域在[0,1]上的严格递减函数,如图 4.1 所示。

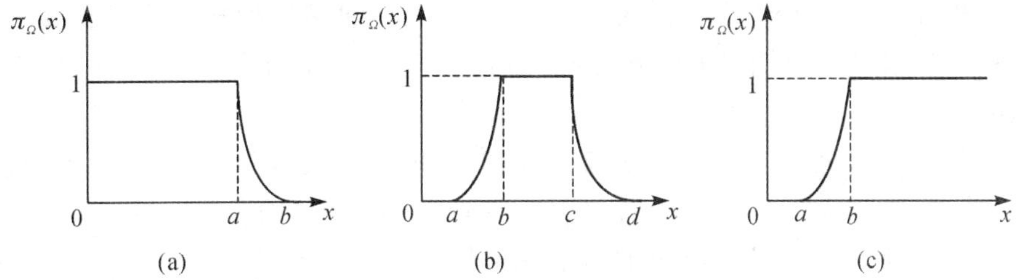

图 4.1　同类型的模糊隶属度函数

(a)偏小型;(b)中间型;(c)偏大型

模糊隶属度函数更为特殊的形式是令 $L(x)=x$,$R(x)=x$。与参考文献[108]一致,本章重点研究梯形隶属度函数 $\Pi(x^{(1)};x^{(2)};x^{(3)};x^{(4)})$,如图 4.2 所示,其数学描述如下:

$$\pi_{\Omega}(x)=\begin{cases}1-\dfrac{x^{(2)}-x,}{x^{(2)}-x^{(1)}}, & x^{(1)}\leqslant x\leqslant x^{(2)}\\ 1, & x^{(2)}<x\leqslant x^{(3)}\\ 1-\dfrac{x-x^{(3)}}{x^{(4)}-x^{(3)}}, & x^{(3)}<x\leqslant x^{(4)}\\ 0, & \text{其他}\end{cases} \tag{4.4}$$

其中:$x^{(l)}$代表梯形隶属度函数的第 l 个特征点。为了定量地描述模糊变量的不确定度,本小节给出如下定义。

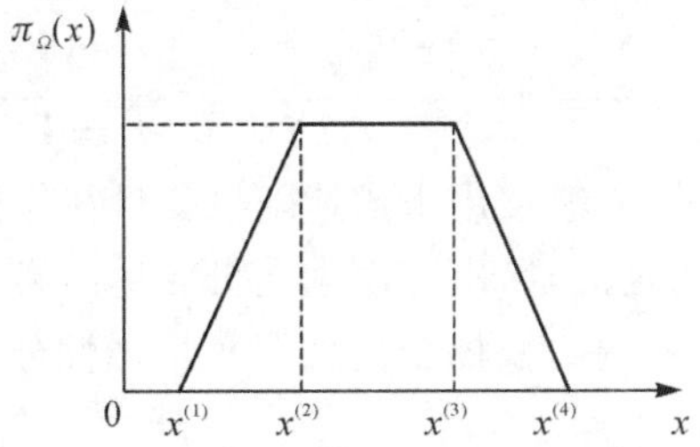

图 4.2　梯形隶属度函数

定义 4.1:若模糊变量 x 服从梯形可能性分布式(4.4),则可将其期望定义为

$$\mathbb{E}[x] \sim \Pi(x^{(1)};x^{(2)};x^{(3)};x^{(4)}) \tag{4.5}$$

例 4.1:三角分布$\mathbb{E}[x]\sim\Pi(2;3;3;5)$是一种特殊形式的梯形分布,对应一个仅有一个可信值 3,而在区域[2,5]之外则均为不可能值的模糊变量。

例 4.2:矩形分布$\mathbb{E}[x]\sim\Pi(3;3;5;5)$是另一种特殊形式的梯形分布,对应一个在区域[3,5]内具有可信值,而在该区域之外均为不可能值的清晰变量。

例 4.3:单点分布$\mathbb{E}[x]\sim\Pi(3;3;3;3)$是一种形式最为特殊的梯形分布,对应一个仅有一个可信值 3,而对$\forall x\neq 3$均为不可能值的清晰变量。

定义 4.2:若论域 X 内的模糊变量 x 服从可能性分布 $\pi_X(x)$,本节定义其分布域为

$$\chi_x = \int_X \pi_X(x)\mathrm{d}x \tag{4.6}$$

不同于传统的概率分布,一般而言,模糊变量的分布域一般不为 1。

定义 4.3:若 $f(\cdot)$是模糊变量 x 的函数,本节定义 $f(x)$的中心为

$$\mathbb{C}\,[f(x)] = \frac{\int f(x)\pi_X(x)\mathrm{d}x}{\chi_x} \tag{4.7}$$

定义 4.4:基于定义 4.3,若论域 X 内的模糊变量 x 服从可能性分布 $\pi_X(x)$,本节将 X 的中心梯度定义为

$$\mathbb{C}\,[x] = \tilde{x} = \frac{\int x\pi_X(x)\mathrm{d}x}{\chi_x} \tag{4.8}$$

中心梯度 $\tilde{x}$ 表示模糊变量 x 最可能的取值。基于定义 4.4,不难得出下面一个和传统概率分布的均值一致的性质:

$$\mathbb{C}\,[x-\tilde{x}] = \frac{\int (x-\tilde{x})\pi_X(x)\mathrm{d}x}{\chi_x} = \frac{\int x\pi_X(x)\mathrm{d}x}{\chi_x} - \tilde{x} = 0 \tag{4.9}$$

在经典概率框架下,方差被用来描述随机变量在均值附近的离散程度,本节参照随机变量方差的定义,给出了模糊随机变量不确定度的定义。

定义 4.5:若论域 X 内的模糊变量 x 服从可能性分布 $\pi_X(x)$,本节定义其不确定度为

$$\mathbb{U}[x] = \mathbb{C}\left[(x-\tilde{x})^2\right] = \frac{\int (x-\tilde{x})^2 \pi_X(x)\mathrm{d}x}{\chi_x} \tag{4.10}$$

实际系统的状态量通常是多维变量，因此本小节进一步讨论多维模糊变量并研究其相关性质。对于论域 X 内的多维模糊变量 $\boldsymbol{x} = [x_1 \quad x_2 \quad \cdots \quad x_n]^{\mathrm{T}} \in \mathbb{R}^n$，如果该变量的任意一维 x_i 都在论域 X_i 内服从于梯形可能性分布，即$\mathbb{E}[x_i] \sim \Pi(x_i^{(1)}; x_i^{(2)}; x_i^{(3)}; x_i^{(4)})$，那么 x 服从于一个广义上的梯形可能性分布，即$\mathbb{E}[x] \sim \Pi(x^{(1)}; x^{(2)}; x^{(3)}; x^{(4)})$，且多维隶属度函数 $\pi_X(x)$可等价为各个维度隶属度函数的联合 $\pi_{X_1, X_2, \cdots, X_n}(x_1, x_2, \cdots, x_n)$。根据定义 4.2～定义 4.5，下面给出多维模糊变量不确定度的相关定义。

定义 4.6：联合隶属度函数 $\pi_X(x)$的分布域定义为

$$\chi_x = \int_{X_1}\int_{X_2}\cdots\int_{X_n} \pi_X(x)\mathrm{d}x_1\mathrm{d}x_2\cdots\mathrm{d}x_n \tag{4.11}$$

类似于概率框架下边缘概率密度函数的定义，模糊分布的边缘函数 $\pi_{X_i}(x_i)$定义如下：

$$\frac{\pi_{X_i}(x_i)}{\chi_{x_i}} = \frac{\int_{X_1}\int_{X_2}\cdots\int_{X_{i-1}}\int_{X_{i+1}}\cdots\int_{X_n} f(x)\pi_X(x)\mathrm{d}x_1\mathrm{d}x_2\cdots\mathrm{d}x_{i-1}\mathrm{d}x_{i+1}\cdots\mathrm{d}x_n}{\chi_{x_i}} \tag{4.12}$$

其中：$\chi_{x_i} = \int_{X_i}\pi_{X_i}(x_i)\mathrm{d}x_i$ 表示边缘函数 $\pi_{X_i}(x_i)$ 的分布域。

多维模糊变量 x 的中心梯度定义为

$$\tilde{x} = C[x] = [C[x_1] \quad C[x_2] \quad \cdots \quad C[x_n]]^{\mathrm{T}} \tag{4.13}$$

其中

$$C[x_i] = \tilde{x}_i = \frac{\int x_i \pi_{X_i}(x_i)\mathrm{d}x_i}{\chi_{x_i}} \tag{4.14}$$

若 $f(\cdot)$是 x 的函数，那么 $f(x)$的中心值可以表示为

$$C[f(x_i)] = \frac{\int_{X_i}\pi_{X_i}(x_i)\mathrm{d}x_i}{\chi_{x_i}} \tag{4.15}$$

x_i 和 x 的不确定度定义为

$$U[x_i] = C[(x_i - \tilde{x}_i)^2] \tag{4.16}$$

$$U[x]=C[(x-\tilde{x})(x-\tilde{x})^{\mathrm{T}}]=\begin{bmatrix} U[x_1] & \mathrm{Dep}[x_1,x_2] & \cdots & \mathrm{Dep}[x_1,x_n] \\ \mathrm{Dep}[x_2,x_1] & U[x_2] & \cdots & \mathrm{Dep}[x_2,x_n] \\ \vdots & \vdots & & \vdots \\ \mathrm{Dep}[x_n,x_1] & \mathrm{Dep}[x_n,x_2] & \cdots & U[x_n] \end{bmatrix} \tag{4.17}$$

其中：$\mathrm{Dep}[x_i,x_j]=C[(x_i-\tilde{x}_i)(x_j-\tilde{x}_j)]$表示模糊变量 x_i 和 x_j 之间的相关性。当 x_i 和 x_j 完全独立时，存在

$$\mathrm{Dep}[x_i,x_j]=C[(x_i-\tilde{x}_i)(x_j-\tilde{x}_j)]=0 \tag{4.18}$$

$$\pi_{X_i,X_j}(x_i,x_j)=\pi_{X_i}(x_i)\pi_{X_j}(x_j) \tag{4.19}$$

参考文献[108]给出了模糊变量的一个重要性质——线性性质，本小节重申如下：

引理 4.1：假设模糊变量 x、y 和 z 之间满足如下关系：

$$\pi_Z(z)=\pi_{X,Y}(x,y),\quad \forall x,y,z \mid z=\boldsymbol{A}x+\boldsymbol{B}y+c \tag{4.20}$$

其中：$\boldsymbol{A}$、$\boldsymbol{B}$ 为常量矩阵，c 为常量，$\mathbb{E}[x]\sim\Pi(x^{(1)};x^{(2)};x^{(3)};x^{(4)})$且$\mathbb{E}[y]\sim\Pi(y^{(1)};y^{(2)};y^{(3)};y^{(4)})$。那么，模糊分布$\mathbb{E}[z]\sim\Pi(z^{(1)};z^{(2)};z^{(3)};z^{(4)})$的特征点可通过下式计算：

$$z^{(l)}=\boldsymbol{A}x^{(l)}+\boldsymbol{B}y^{(l)}+c\quad (l=1,2,3,4) \tag{4.21}$$

进一步而言，若模糊变量 x 和 y 相互独立，则可以得到 z 的中心梯度以及不确定度：

$$\mathbb{C}[xy]=\mathbb{C}[x]\mathbb{C}[y] \tag{4.22}$$

$$\tilde{z}=\mathbb{C}[z]=\boldsymbol{A}\mathbb{C}[x]+\boldsymbol{B}\mathbb{C}[y]+c \tag{4.23}$$

$$\mathbb{U}[z]=\boldsymbol{A}\,\mathbb{U}[x]\boldsymbol{A}^{\mathrm{T}}+\boldsymbol{B}\,\mathbb{U}[y]\boldsymbol{B}^{\mathrm{T}} \tag{4.24}$$

4.2.2 基于最小不确定度的模糊卡尔曼滤波

考虑如下线性时变系统：

$$x_{k+1}=\boldsymbol{F}_k x_k+w_k \tag{4.25}$$

$$y_k=\boldsymbol{H}_k x_k+v_k \tag{4.26}$$

其中：$x_k\in\mathbb{R}^n$ 为状态量；$y_k\in\mathbb{R}^m$ 表示量测值；$\boldsymbol{F}_k$ 和 $\boldsymbol{H}_k$ 分别表示状态转移矩阵和量测矩阵；w_k 和 v_k 分别表示不相关的过程噪声和量测噪声。

不同于前两章将噪声建模为高斯噪声，本小节假设 w_k 和 v_k 为服从梯形可能性分布的模糊变量，其对应的分布、中心梯度以及不确定度为

$$\left.\begin{aligned} &\mathbb{E}[w_k]\sim\Pi(w_k^{(1)};w_k^{(2)};w_k^{(3)};w_k^{(4)}) \\ &\tilde{w}_k=0 \\ &\mathbb{U}[w_k]=\boldsymbol{Q}_k \end{aligned}\right\} \tag{4.27}$$

$$\left.\begin{aligned}&\mathbb{E}[v_k]\sim \Pi(v_k^{(1)};v_k^{(2)};v_k^{(3)};v_k^{(4)})\\&\tilde{v}_k=0\\&\mathbb{U}[v_k]=\boldsymbol{R}_k\end{aligned}\right\}\tag{4.28}$$

基于引理 4.1 中模糊变量的线性传递性质，不难得出，滤波过程模糊变量的不确定性将传递给其他 4 个模糊变量：状态的先验估计 $\hat{x}_{k-1}$、状态的一步预测 $\overline{x}_k$、量测量的估计 $\overline{y}_k$、状态的后验估计 $\hat{x}_k$，其对应的分布和不确定度分别定义为

$$\left.\begin{aligned}&\mathbb{E}[\hat{x}_{k-1}]\sim \Pi(\hat{x}_{k-1}^{(1)};\hat{x}_{k-1}^{(2)};\hat{x}_{k-1}^{(3)};\hat{x}_{k-1}^{(4)})\\&\mathbb{U}[\hat{x}_{k-1}]=\hat{P}_{k-1}\end{aligned}\right\}\tag{4.29}$$

$$\left.\begin{aligned}&\mathbb{E}[\overline{x}_k]\sim \Pi(\overline{x}_k^{(1)};\overline{x}_k^{(2)};\overline{x}_k^{(3)};\overline{x}_k^{(4)})\\&\mathbb{U}[\overline{x}_k]=\overline{P}_k\end{aligned}\right\}\tag{4.30}$$

$$\left.\begin{aligned}&\mathbb{E}[\overline{y}_k]\sim \Pi(\overline{y}_k^{(1)};\overline{y}_k^{(2)};\overline{y}_k^{(3)};\overline{y}_k^{(4)})\\&\mathbb{U}[\overline{y}_k]=\overline{P}_{yy,k}\end{aligned}\right\}\tag{4.31}$$

$$\left.\begin{aligned}&\mathbb{E}[\hat{x}_k]\sim \Pi(\hat{x}_k^{(1)};\hat{x}_k^{(2)};\hat{x}_k^{(3)};\hat{x}_k^{(4)})\\&\mathbb{U}[\hat{x}_k]=\hat{P}_k\end{aligned}\right\}\tag{4.32}$$

下面，具体给出上述分布特征点$\{\cdot\}^{(l)}$($l=1,2,3,4$)和不确定矩阵 $\boldsymbol{P}$ 的具体计算方法。参照经典卡尔曼滤波的递推过程，模糊卡尔曼滤波具体可以分为以下几步：

(1)时间更新。根据系统的动力学方程式(4.25)和引理 4.1 中的式(4.21)和式(4.24)易得

$$\overline{x}_k^{(l)}=\boldsymbol{F}_{k-1}\hat{x}_{k-1}^{(l)}+w_{k-1}^{(l)}\tag{4.33}$$

$$\overline{P}_k=\boldsymbol{F}_{k-1}\hat{P}_{k-1}\boldsymbol{F}_{k-1}^{\mathrm{T}}+\boldsymbol{Q}_{k-1}\tag{4.34}$$

(2)量测预测。根据系统的量测方程式(4.26)和引理 4.1 中的式(4.21)和式(4.24)易得

$$\overline{y}_k^{(l)}=\boldsymbol{H}_k\overline{x}_k^{(l)}+v_k^{(l)}\tag{4.35}$$

$$\overline{P}_{yy,k}=\boldsymbol{H}_k\overline{P}_k\boldsymbol{H}_k^{\mathrm{T}}+\boldsymbol{R}_{k-1}\tag{4.36}$$

(3)状态更新。根据引理 4.1 和量测方程式(4.26)，新获得的量测值 y_k 实际上继承了噪声 v_k 的不确定性，即

$$\left.\begin{aligned}&\mathbb{E}[y_k]\sim \Pi(y_k^{(1)};y_k^{(2)};y_k^{(3)};y_k^{(4)})\\&\tilde{y}_k=\boldsymbol{H}_kx_k\\&\mathbb{U}[y_k]=\boldsymbol{R}_k\end{aligned}\right\}\tag{4.37}$$

新获得量测值 y_k 后，状态的最优估计可按照下式更新：

$$\hat{x}_k^{(l)} = \overline{x}_k^{(l)} + \boldsymbol{K}_k(y_k - \overline{y}_k^{(l)}) = [I - \boldsymbol{K}_k\boldsymbol{H}_k]\overline{x}_k^{(l)} + \boldsymbol{K}_k y_k^{(l)} \tag{4.38}$$

其中：$\boldsymbol{K}_k$ 为待优化的滤波增益。

此外，根据不确定度的定义式(4.5)以及最优估计的分布描述式(4.32)进一步结合引理 4.1 可得

$$\begin{aligned}\hat{P}_k &= \mathbb{U}[\hat{x}_k] = [I - \boldsymbol{K}_k\boldsymbol{H}_k]\,\mathbb{U}[\overline{x}_k]\,[I - \boldsymbol{K}_k\boldsymbol{H}_k]^{\mathrm{T}} + \boldsymbol{K}_k\,\mathbb{U}[y_k]\boldsymbol{K}_k^{\mathrm{T}} \\ &= \overline{P}_k - \boldsymbol{K}_k\boldsymbol{H}_k\overline{P}_k - \overline{P}_k\boldsymbol{H}_k^{\mathrm{T}}\boldsymbol{K}_k^{\mathrm{T}} + \boldsymbol{K}_k\overline{P}_{yy,k}\boldsymbol{K}_k^{\mathrm{T}}\end{aligned} \tag{4.39}$$

模糊卡尔曼滤波的目的就是通过优化增益矩阵 $\boldsymbol{K}_k$ 来使得状态估计的不确定度 $\hat{P}_k$ 最小，因此可计算 $\hat{P}_k$ 相对于 $\boldsymbol{K}_k$ 的导数：

$$\nabla_{K_k}\hat{P}_k = -2\overline{P}_k\boldsymbol{H}_k^{\mathrm{T}} + 2\boldsymbol{K}_k\overline{P}_{yy,k} \tag{4.40}$$

令式(4.40)为零即可得到最优增益矩阵 $\boldsymbol{K}_k = \overline{P}_k\boldsymbol{H}_k^{\mathrm{T}}\overline{P}_{yy,k}^{-1}$。

表 4.1 给出了基于最小不确定度的模糊卡尔曼滤波步骤，值得注意的是，模糊卡尔曼滤波与经典的卡尔曼滤波几乎保持一致，其最大的区别主要在于模糊卡尔曼滤波需要不断更新各模糊分布的特征点$\{\cdot\}^{(l)}(l=1,2,3,4)$。

表 4.1　基于最小不确定度的模糊卡尔曼滤波步骤

时间更新：
$\overline{x}_k^{(l)} = \boldsymbol{F}_{k-1}\hat{x}_{k-1}^{(l)} + w_{k-1}^{(l)}$，
$\overline{P}_k = \boldsymbol{F}_{k-1}\hat{P}_{k-1}\boldsymbol{F}_{k-1}^{\mathrm{T}} + \boldsymbol{Q}_{k-1}$。
量测预测：
$\overline{y}_k^{(l)} = \boldsymbol{H}_k\overline{x}_k^{(l)} + v_k^{(l)}$，
$\overline{P}_{yy,k} = \boldsymbol{H}_k\overline{P}_k\boldsymbol{H}_k^{\mathrm{T}} + \boldsymbol{R}_{k-1}$。
滤波增益计算：
$\boldsymbol{K}_k = \overline{P}_k\boldsymbol{H}_k^{\mathrm{T}}P_{yy,k}^{-1}$。
状态更新：
$\hat{x}_k^{(l)} = [I - \boldsymbol{K}_k\boldsymbol{H}_k]\overline{x}_k^{(l)} + \boldsymbol{K}_k y_k^{(l)}$，
$\hat{P}_k = \overline{P}_k - \boldsymbol{K}_k\boldsymbol{H}_k\overline{P}_k - \overline{P}_k\boldsymbol{H}_k^{\mathrm{T}}\boldsymbol{K}_k^{\mathrm{T}} + \boldsymbol{K}_k\overline{P}_{yy,k}\boldsymbol{K}_k^{\mathrm{T}}$。

4.3 问题描述

考虑如下线性时变动力学方程：

$$x_{k+1} = \boldsymbol{F}_k x_k + w_k \tag{4.41}$$

其中：$x_k \in \mathbb{R}^n$ 表示目标状态量；$\boldsymbol{F}_k$ 表示状态转移矩阵；w_k 表示过程噪声。为

了估计目标的状态，假定由 N 个智能体对目标进行观测，且智能体之间经由有限的通信链路构成一个分布式的网络结构，其通信关系由无向图 $\mathcal{G}=\{\mathcal{V},\mathcal{E}\}$ 定义。假设第 i 个智能体在 k 时刻独立地对目标进行观测，观测矩阵为 $\boldsymbol{H}_{i,k}$，那么其观测模型可以描述为

$$y_{i,k}=\boldsymbol{H}_{i,k}x_k+v_{i,k} \tag{4.42}$$

其中：$v_{i,k}$ 表示量测噪声。

注释 4.1：许多分布式估计问题的研究都基于噪声 w_k 和 $v_{i,k}$ 服从概率分布（如高斯分布）的假设。然而，概率方法的应用必须满足事件定义清晰、大量样本存在、样本具有概率可重复性以及不受人为主观因素影响等条件[154]。但是，在一些特殊的工程实际中，上述条件不能同时满足。例如，对于新产品，难以获得大量的统计数据。当样本数据缺乏时，往往利用专家的经验来粗略描述。显然，这种不精确的方法会导致数据具有模糊性[155]。具体来说，Mauris 提出了一种基于概率不等式的方法，当只有很少的数据可用（甚至只有一个或两个）时，构造一个可能性分布来代替概率分布[156]。

此外，如果噪声不遵循“钟形曲线”形状或不对称，或者对主观获得的值不完全信任，都可以使用一个可能的区域来覆盖噪声的变化特征。例如，Serrurier 使用最大可能信息距离原理，将一组遵循未知多峰非对称概率分布的数据构建成可能性分布[157]。Matía 等人将 Doris 机器人平台上的 3 种传感器数据建模为梯形可能性分布[106]：①里程计，它提供距离和角度运动的信息，校准方法的复杂性和不精确性使其量测结果不可信；②激光雷达传感器，通过对反射材料的探测，获得与地标的距离和角度，该传感器的数据处理会产生非高斯噪声；③摄像机传感器，用于检测视觉地标，它的噪声很大程度上取决于与地标的距离和角度，并且在不同的环境中差异较大。

考虑到注释 4.1 中提及的不确定性，本节假设噪声为模糊随机变量并将其隶属度函数建模为和参考文献[106,108]一致的梯形可能性分布。此外，进一步假设噪声 w_k 和 $v_{i,k}$ 相互独立，且其可能性分布、中心梯度以及不确定度分别表示为

$$\left.\begin{aligned}&\mathbb{E}[w_k]\sim\Pi(w_k^{(1)};w_k^{(2)};w_k^{(3)};w_k^{(4)})\\&\widetilde{w}_k=0\\&\mathbb{U}[w_k]=\widetilde{\boldsymbol{Q}}_k\end{aligned}\right\} \tag{4.43}$$

$$\left.\begin{aligned}&\mathbb{E}[v_{i,k}]\sim\Pi(v_{i,k}^{(1)};v_{i,k}^{(2)};v_{i,k}^{(3)};v_{i,k}^{(4)})\\&\widetilde{v}_{i,k}=0\\&\mathbb{U}[v_{i,k}]=\widetilde{\boldsymbol{R}}_{i,k}\end{aligned}\right\} \tag{4.44}$$

目标状态 x_k 和量测值 $y_{i,k}$ 会继承式(4.43)和式(4.44)中噪声的不确定性,导致传统的基于概率框架的分布式估计方法不再适用。

根据引理 4.1,目标状态的全局预测可能性分布可以表示为

$$\mathbb{E}[\overline{x}_k] \sim \Pi(\overline{x}_k^{(1)};\overline{x}_k^{(2)};\overline{x}_k^{(3)};\overline{x}_k^{(4)}) \tag{4.45}$$

而在获取全局量测 $\{y_{i,k} | i \in \mathcal{V}\}$ 后,目标状态的全局后验可能性分布则可以表示为

$$\mathbb{E}[\hat{x}_k] \sim \Pi(\hat{x}_k^{(1)};\hat{x}_k^{(2)};\hat{x}_k^{(3)};\hat{x}_k^{(4)}) \tag{4.46}$$

另外,对于智能体 i 而言,目标状态的局部预测可能性分布可以表示为

$$\mathbb{E}[\overline{x}_{i,k}] \sim \Pi(\overline{x}_{i,k}^{(1)};\overline{x}_{i,k}^{(2)};\overline{x}_{i,k}^{(3)};\overline{x}_{i,k}^{(4)}) \tag{4.47}$$

而在获得局部量测 $y_{j,k}$ 后,目标状态的局部后验可能性分布则可以表示为

$$\mathbb{E}[\hat{x}_{i,k}] \sim \Pi(\hat{x}_{i,k}^{(1)};\hat{x}_{i,k}^{(2)};\hat{x}_{i,k}^{(3)};\hat{x}_{i,k}^{(4)}) \tag{4.48}$$

在分布式网络结构中,各个智能体旨在基于局部的量测式(4.42)和全局的运动方程式(4.41)实现对状态量 x_k(模糊变量)的实时估计。

注释 4.2:如果智能体之间无法交换信息,那么每个智能体 $i \in \mathcal{V}$ 只能通过第 4.2 节中的 FKF 算法在局部独立完成对目标的估计,即

$$\left.\begin{aligned}
\mathbb{E}[\overline{x}_{i,k}] &\sim \Pi(\overline{x}_{i,k}^{(1)};\overline{x}_{i,k}^{(2)};\overline{x}_{i,k}^{(3)};\overline{x}_{i,k}^{(4)}) \\
\mathbb{E}[\hat{x}_{i,k}] &\sim \Pi(\hat{x}_{i,k}^{(1)};\hat{x}_{i,k}^{(2)};\hat{x}_{i,k}^{(3)};\hat{x}_{i,k}^{(4)}) \\
\mathbb{E}[\overline{y}_{i,k}] &\sim \Pi(\overline{y}_{i,k}^{(1)};\overline{y}_{i,k}^{(2)};\overline{y}_{i,k}^{(3)};\overline{y}_{i,k}^{(4)})
\end{aligned}\right\} \tag{4.49}$$

然而,如果各智能体之间存在一个由 $\mathcal{G}=\{\mathcal{V},\mathcal{E}\}$ 定义的通信网络,那么理论上各个节点可以通过融合邻居节点的信息从而提高自身的局部估计精度,因此首先需要研究一种适用于分布式网络结构的模糊信息融合算法。

注释 4.3:传统的模糊信息融合方法,例如使用点估计概率的算术平均或加权平均法、基于 Dempster - Shafer 理论的模糊概率组合方法等,都会导致隶属度函数不规则,从而不适用于卡尔曼滤波的迭代过程[152]。因此,将在第 4.4 节中提出一种新颖的模糊信息融合方法,以保证融合后的隶属度函数仍然能保持原有形式,为后续滤波迭代奠定基础。

另外,传统的模糊信息融合方法并未考虑融合结果的一致性。根据传统一致性的要求,即估计误差方差是真实误差方差的上界(在正定意义上),笔者从模糊的角度重新定义了一致性。

定义 4.7:令 $\hat{a}$ 是对模糊变量 a 的一个估计值,其可能性分布、中心梯度以及不确定度分别表示为

$$\left.\begin{aligned}&\mathbb{E}[a]\sim\Pi(a^{(1)};a^{(2)};a^{(3)};a^{(4)})\\&\tilde{a}=\mathbb{C}[a]\\&\tilde{p}_a=\mathbb{U}[a]=\mathbb{C}[(a-\tilde{a})(a-\tilde{a})^{\mathrm{T}}]\end{aligned}\right\}\tag{4.50}$$

$$\left.\begin{aligned}&\mathbb{E}[\hat{a}]\sim\Pi(\hat{a}^{(1)};\hat{a}^{(2)};\hat{a}^{(3)};\hat{a}^{(4)})\\&\check{a}=\mathbb{C}[\hat{a}]\\&\hat{P}_a=\mathbb{U}[\hat{a}]=\mathbb{C}[(\hat{a}-\check{a})(\hat{a}-\check{a})^{\mathrm{T}}]\end{aligned}\right\}\tag{4.51}$$

若 $\tilde{a}=\check{a}$，则称 $\hat{a}$ 是模糊变量 a 的一个无偏估计。进一步，若估计分布的特征点 $\{\hat{a}^{(1)},\hat{a}^{(2)},\hat{a}^{(3)},\hat{a}^{(4)}\}$ 以及不确定度 $\hat{P}_a$ 满足

$$\hat{P}_a\geqslant\mathbb{C}[(a-\check{a})(a-\check{a})^{\mathrm{T}}]\tag{4.52}$$

则称该估计为一致估计，为了简化表述，后文将集合 $\{\hat{a}^{(1)},\hat{a}^{(2)},\hat{a}^{(3)},\hat{a}^{(4)},\check{a},\hat{P}_a\}$ 简化记为 $\{\hat{a}^{(l)},\hat{P}_a\}$。

基于前述原因，本章的目的是设计一种分布式模糊算法，以保证在任意时刻 $k\in\mathbb{Z}^+$，每个智能体 i 都能通过融合邻域节点 $j\in\mathcal{N}_i$ 的量测信息 $\{y_{j,k},R_{j,k}\}$ 以及邻居节点的预测可能性分布 $\mathbb{E}[\bar{x}_{j,k}]\sim\Pi(\bar{x}_{j,k}^{(1)};\bar{x}_{j,k}^{(2)};\bar{x}_{j,k}^{(3)};\bar{x}_{j,k}^{(4)})$，更新其局部后验可能性分布 $\mathbb{E}[\hat{x}_{i,k}]\sim\Pi(\hat{x}_{i,k}^{(1)};\hat{x}_{i,k}^{(2)};\hat{x}_{i,k}^{(3)};\hat{x}_{i,k}^{(4)})$。具体而言，本章试图解决以下问题：

(1)每个智能体如何融合不同邻居节点之间传递来的模糊信息，以保证在最小化某种代价函数的同时保证融合结果的一致性。

(2)各个智能体之间相互传递何种信息？更重要的是，每个智能体如何完成局部信息的更新，以保证分布式的滤波结构在每时每刻都是一致的。

(3)为了有效减少智能体之间通信迭代引起的能量损耗，还需重点考虑如何有效减少智能体之间的通信次数，同时尽可能地避免使用全局参数信息。

(4)稳定性作为分布式估计的一个重要性质，近年来得到了广泛的研究。然而，在模糊框架下，稳定性分析问题却仍未得到解决。因此，为了保证算法的稳定性，本章还需重点研究所提分布式模糊估计算法是否能保持稳定性。

为了解决上述问题，本章的研究基于以下几点假设，这些假设被广泛应用到分布式滤波方法中[47-48,138]。

假设 4.1：假设在任意时刻 $k\in\mathbb{Z}^+$，每个智能体 $i\in\mathcal{V}$ 都已知以下信息：

(1)状态转移矩阵 $\boldsymbol{F}_k$；

(2)全局过程噪声不确定度矩阵的一致上界 $\boldsymbol{Q}_k$，即 $\boldsymbol{Q}_k\geqslant\tilde{\boldsymbol{Q}}_k$；

(3)局部量测噪声不确定度矩阵的一致上界 $\boldsymbol{R}_{i,k}$，即 $\boldsymbol{R}_{i,k}\geqslant\tilde{\boldsymbol{R}}_{i,k}$。

为了简化，对于所有的时刻 $k\in\mathbb{Z}^+$，取 $\boldsymbol{Q}=\max\boldsymbol{Q}_k$，$\widetilde{\boldsymbol{Q}}=\max\widetilde{\boldsymbol{Q}}_k$。

假设 4.2：假设在任意时刻 $\forall k,k'\in\mathbb{Z}^+$ 且 $k'>k$，目标状态 x_k 与噪声 $\boldsymbol{v}_{i,k}$ 相互独立，且目标状态 $x_{k'}$ 与噪声 $\boldsymbol{w}_k$ 相互独立，即

$$\mathbb{C}\left[x_k\boldsymbol{v}_{i,k}^{\mathrm{T}}\right]=0,\quad \mathbb{C}\left[x_{k'}\boldsymbol{w}_k^{\mathrm{T}}\right]=0 \tag{4.53}$$

此外，对于每个智能体而言，有

$$\mathbb{C}\left[\boldsymbol{v}_{i,k}\boldsymbol{v}_{j,k}^{\mathrm{T}}\right]=0,\quad \forall i\neq j \tag{4.54}$$

$$\mathbb{C}\left[(\overline{x}_{i,k}-x_k)\boldsymbol{v}_{j,k}^{\mathrm{T}}\right]=0,\quad \forall i,j \tag{4.55}$$

假设 4.3：假设无向图 $\mathcal{G}$ 是连通的。

假设 4.4：假设系统是全局可观的，即全局观测矩阵 $\boldsymbol{H}_k\triangleq\mathrm{col}\{H_{1,k},H_{2,k},\cdots,H_{N,k}\}$ 和状态转移矩阵 $\boldsymbol{F}_k$ 满足秩判据。

4.4 分布式模糊估计算法

本节首先推导未知相关性的模糊信息融合算法，并将其引入信息滤波框架，提出一种分布式模糊估计算法，然后对算法的稳定性进行分析。

4.4.1 未知相关性的模糊信息融合算法

为了融合从邻居节点获得的模糊信息，本小节首先研究了一类一般化的模糊变量融合问题，并得到了一个重要的模糊信息融合(FIF)定理。该定理表明，对于任意服从梯形可能性分布的模糊变量，在其相关性未知的条件下，可通过线性组合的方式来获取其融合后的可能性分布以及不确定度矩阵。模糊信息融合定理的具体描述如下。

定理 4.1：(模糊估计集的一致融合)对于服从梯形可能性分布 $\mathbb{E}[x]\sim\Pi(x^{(1)};x^{(2)};x^{(3)};x^{(4)})$ 的模糊变量 x，假设 $\{x_1^{(l)},P_{11}\}$，$\{x_2^{(l)},P_{22}\}$，$\cdots$，$\{x_n^{(l)},P_{nn}\}$ 是对 x 的 n 个估计集，那么这些估计集融合的一般形式可以表示为

$$x_c^{(l)}=P_{cc}\sum_{i=1}^{n}\omega_iP_{ii}^{-1}x_i^{(l)} \tag{4.56}$$

$$P_{cc}^{-1}=\sum_{i=1}^{n}\omega_iP_{ii}^{-1} \tag{4.57}$$

其中：权重系数 ω_i 满足 $\omega_i\in[0,1]$ 且 $\sum_{i=1}^{n}\omega_i=1$。

此外，对于任意满足条件的权重系数和未知的相关性

$$\widetilde{P}_{ij} = \mathbb{C}\left[(x-\mathbb{C}[x_i])(x-\mathbb{C}[x_j])^{\mathrm{T}}\right] \tag{4.58}$$

融合结果$\{x_c^{(l)},P_{cc}\}$都满足如下性质：

(1)如果融合前的所有估计 x_i 都是无偏的，那么融合结果 x_c 也是无偏的，即

$$\widetilde{x}_c = \mathbb{C}[x_c] = \mathbb{C}[x],\quad 若\ \widetilde{x}_i = \widetilde{x} \tag{4.59}$$

其中：$\widetilde{x}_i=\mathbb{C}[x_i]$；$\widetilde{x}=\mathbb{C}[x]$。

(2)如果融合前的所有估计集$\{x_i^{(l)},P_{ii}\}$是一致估计，那么融合结果$\{x_c^{(l)},P_{cc}\}$也是一致估计，即

$$P_{cc} \geqslant \widetilde{P}_{cc},\quad 若\ P_{ii} \geqslant \widetilde{P}_{ii} \tag{4.60}$$

其中：$\widetilde{P}_{cc}=\mathbb{C}[(x-\widetilde{x}_c)(x-\widetilde{x}_c)^{\mathrm{T}}]$，且 $\widetilde{P}_{ii}=\mathbb{C}[(x-\widetilde{x}_i)(x-\widetilde{x}_i)^{\mathrm{T}}]$。

证明：为了简化表达，此证明过程仅讨论两个估计集的融合过程。定义模糊估计集$\{x_a^{(l)},P_{aa}\}$和$\{x_b^{(l)},P_{bb}\}$是对模糊变量 x 的估计，估计集满足如下性质：

(1)无偏性，即 $\widetilde{x}_a=\mathbb{C}[x_a]=\mathbb{C}[x]=\widetilde{x}$ 且 $\widetilde{x}_b=\mathbb{C}[x_b]=\mathbb{C}[x]=\widetilde{x}$。

(2)一致性，即 $P_{aa}\geqslant\widetilde{P}_{aa}$ 且 $P_{bb}\geqslant\widetilde{P}_{bb}$，其中 $\widetilde{P}_{aa}=\mathbb{C}[(\widetilde{x}_a-x)(\widetilde{x}_a-x)^{\mathrm{T}}]$和 $\widetilde{P}_{bb}=\mathbb{C}[(\widetilde{x}_b-x)(\widetilde{x}_b-x)^{\mathrm{T}}]$表示未知的真实不确定度。

定理4.1给出了如下模糊信息融合方式：

$$x_c^{(l)} = P_{cc}\left[\omega P_{aa}^{-1}x_a^{(l)} + (1-\omega)P_{bb}^{-1}x_b^{(l)}\right] \tag{4.61}$$

$$P_{cc}^{-1} = \omega P_{aa}^{-1} + (1-\omega)P_{bb}^{-1} \tag{4.62}$$

根据式(4.8)给出的中心梯度定义以及引理4.1所描述的不确定性的线性传递性质，融合估计 x_c 的中心梯度可通过下式计算：

$$\begin{aligned}\widetilde{x}_c &= \mathbb{C}[x_c] = \mathbb{C}\left[P_{cc}[\omega P_{aa}^{-1}x_a + (1-\omega)P_{bb}^{-1}x_b]\right]\\ &= P_{cc}\left[\omega P_{aa}^{-1}\,\mathbb{C}[x_a] + (1-\omega)P_{bb}^{-1}\,\mathbb{C}[x_b]\right]\\ &= P_{cc}\left[\omega P_{aa}^{-1}\widetilde{x} + (1-\omega)P_{bb}^{-1}\widetilde{x}\right]\\ &= P_{cc}\left[\omega P_{aa}^{-1} + (1-\omega)P_{bb}^{-1}\right]\widetilde{x}\\ &= P_{cc}(P_{cc}^{-1})\widetilde{x} = \widetilde{x}\end{aligned} \tag{4.63}$$

结合式(4.61)、式(4.63)和不确定度的定义式(4.16)，融合估计 x_c 的真实不确定度可以通过下式计算：

$$\begin{aligned}\widetilde{P}_{cc} &= \mathbb{U}[x_c] = \mathbb{C}[(\widetilde{x}_c-x)(\widetilde{x}_c-x)^{\mathrm{T}}]\\ &= P_{cc}\{\omega^2P_{aa}^{-1}\widetilde{P}_{aa}P_{aa}^{-1} + \omega(1-\omega)P_{aa}^{-1}\widetilde{\boldsymbol{P}}_{ab}P_{bb}^{-1} +\\ &\quad \omega(1-\omega)P_{bb}^{-1}\widetilde{P}_{ba}P_{aa}^{-1} + (1-\omega)^2P_{bb}^{-1}\widetilde{P}_{bb}P_{bb}^{-1}\}P_{cc}\end{aligned} \tag{4.64}$$

将上述真实不确定度代入 $P_{cc} \geqslant \widetilde{P}_{cc}$，一致性条件转化为

$$P_{cc} - P_{cc}\{\omega^2 P_{aa}^{-1}\widetilde{P}_{aa}P_{aa}^{-1} + \omega(1-\omega)P_{aa}^{-1}\widetilde{\boldsymbol{P}}_{ab}P_{bb}^{-1} + \omega(1-\omega)P_{bb}^{-1}\widetilde{P}_{ba}P_{aa}^{-1} + (1-\omega)^2 P_{bb}^{-1}\widetilde{P}_{bb}P_{bb}^{-1}\}P_{cc} \geqslant 0 \tag{4.65}$$

式(4.65)分别左乘、右乘 P_{cc}^{-1} 后可得

$$P_{cc}^{-1} - \omega^2 P_{aa}^{-1}\widetilde{P}_{aa}P_{aa}^{-1} - \omega(1-\omega)P_{aa}^{-1}\widetilde{\boldsymbol{P}}_{ab}P_{bb}^{-1} - \omega(1-\omega)P_{bb}^{-1}\widetilde{P}_{ba}P_{aa}^{-1} - (1-\omega)^2 P_{bb}^{-1}\widetilde{P}_{bb}P_{bb}^{-1} \geqslant 0 \tag{4.66}$$

由于 x_a 是一致估计，即

$$P_{aa} - \widetilde{P}_{aa} \geqslant 0 \tag{4.67}$$

式(4.67)分别左乘、右乘 P_{aa}^{-1} 后整理可得

$$P_{aa}^{-1} \geqslant P_{aa}^{-1}\widetilde{P}_{aa}P_{aa}^{-1} \tag{4.68}$$

同理，对于一致估计 x_b，其一致性条件可转换为

$$P_{bb}^{-1} \geqslant P_{bb}^{-1}\widetilde{P}_{bb}P_{bb}^{-1} \tag{4.69}$$

将式(4.68)和式(4.69)代入式(4.62)可得

$$P_{cc}^{-1} = \omega P_{aa}^{-1} + (1-\omega)P_{bb}^{-1} \geqslant \omega P_{aa}^{-1}\widetilde{P}_{aa}P_{aa}^{-1} + (1-\omega)P_{bb}^{-1}\widetilde{P}_{bb}P_{bb}^{-1} \tag{4.70}$$

将式(4.70)中 P_{cc}^{-1} 的下界代入式(4.66)可得

$$\omega(1-\omega)(P_{aa}^{-1}\widetilde{P}_{aa}P_{aa}^{-1} - P_{aa}^{-1}\widetilde{\boldsymbol{P}}_{ab}P_{bb}^{-1} - P_{bb}^{-1}\widetilde{P}_{ba}P_{aa}^{-1} + P_{bb}^{-1}\widetilde{P}_{bb}P_{bb}^{-1}) \geqslant 0 \tag{4.71}$$

整理可得

$$\omega(1-\omega)\mathbb{C}[\{P_{aa}^{-1}(\widetilde{x}_a - x) - P_{bb}^{-1}(\widetilde{x}_b - x)\}\{P_{aa}^{-1}(\widetilde{x}_a - x) - P_{bb}^{-1}(\widetilde{x}_b - x)\}^{\mathrm{T}}] \geqslant 0 \tag{4.72}$$

显然，无论相关性矩阵 $\widetilde{\boldsymbol{P}}_{ab}$ 和权重系数 $\omega \in [0,1]$ 如何取值，总能保证上述不等式成立。

证毕。

注释 4.4:值得注意的是，本节提出的 FIF 算法和参考文献[28,158]中提出的协方差求交(CI)融合方法具有相同的表达形式，但是不同的是 CI 算法是基于概率框架的，而 FIF 算法针对的是模糊变量的融合。此外，选择不同的权重系数 $\{\omega_i\}$ 可对应于不同的性能准则，例如最小化 P_{cc} 的迹、最小化 P_{cc} 的行列式。

4.4.2　分布式模糊信息融合滤波算法

本节将 FIF 引入分布式状态估计问题中，并设计了一种新颖的分布式模糊估计算法，该算法可分为局部预测估计集的融合和局部后验估计集的一致更新两个融合子步骤。

(1)局部预测估计集的融合。算法第一个子步骤的目的是融合所有的局部预测估计$\{\overline{x}_{j,k}^{(l)},\overline{P}_{j,k}\}$，$j\in\mathcal{N}_{i,\text{in}}$，以获得一个中间估计集$\{\check{x}_{i,k}^{(l)},\check{P}_{i,k}\}$。结合引理 4.1 和动力学模型式(4.41)，易得

$$\overline{x}_{j,k}^{(l)}=\boldsymbol{F}_{k-1}\hat{x}_{j,k-1}^{(l)}+w_k \tag{4.73}$$

$$\overline{P}_{j,k}=\boldsymbol{F}_{k-1}\hat{P}_{j,k-1}\boldsymbol{F}_{k-1}^{\mathrm{T}}+\boldsymbol{Q} \tag{4.74}$$

值得注意的是，在 k 时刻，不同的智能体所观测到的目标状态包含同一个过程噪声 w_k，此外，各个智能体在 k 时刻前交换了各自的局部量测信息，这些都导致 k 时刻各个智能体的局部估计之间存在着一定的相关性[29]。换言之，任意两个智能体之间的估计误差的相关性并不为零，即

$$\tilde{\overline{P}}_{ij,k}=\mathbb{C}\left[(\overline{x}_{i,k}-\mathbb{C}\left[x_{i,k}\right])(\overline{x}_{j,k}-\mathbb{C}\left[x_{j,k}\right])^{\mathrm{T}}\right]\neq 0 \tag{4.75}$$

在一个完全分布式的网络结构中，上述的显著相关性难以被精确追踪，也就导致了$\tilde{\overline{P}}_{ij,k}$总是未知的。因此，在融合这些相关性未知的模糊信息时需要引入定理 4.1，具体融合过程如下：

$$\check{P}_{i,k}^{-1}\check{x}_{i,k}^{(l)}=\sum_{j\in\mathcal{N}_i}\omega_{ij,k}\overline{P}_{j,k}^{-1}\overline{x}_{j,k}^{(l)} \tag{4.76}$$

$$\check{P}_{i,k}^{-1}=\sum_{j\in\mathcal{N}_i}\omega_{ij,k}\overline{P}_{j,k}^{-1} \tag{4.77}$$

其中，$\overline{x}_{j,k}$ 和 $\overline{P}_{j,k}$ 可根据 4.2 节中提出的 FKF 算法在局部获得。此外，$\sum\limits_{j\in\mathcal{N}_i}\omega_{ij,k}=1(\forall i\in\mathcal{V})$，$\omega_{ij,k}>0$ 表示智能体 i 在 k 时刻分配给从智能体 j 处接收的信息的权重，而权重系数$\{\omega_{ij,k}\}_{j\in\mathcal{N}_i}$ 的选择将在后续小节中具体讨论。

(2)局部后验估计集的一致更新。算法第二个子步骤是结合中间估计集$\{\check{x}_{i,k}^{(l)},\check{P}_{i,k}\}$和邻居节点$\forall j\in\mathcal{N}_{i,\text{in}}$的量测集$\{y_{j,k},R_{j,k}\}$，利用平均一致算法更新局部后验估计。

定理 4.1 中逆矩阵线性加权的形式给了我们一个重要启示：智能体之间的信息交换可以借助信息滤波的框架完成。具体而言，智能体 i 的局部估计

可以转换为模糊信息向量 $\hat{\boldsymbol{\varphi}}_{i,k}^{(l)} \triangleq \hat{P}_{i,k}^{-1}\hat{x}_{i,k}^{(l)}$ 和不确定度信息矩阵 $\hat{\boldsymbol{\Phi}}_{i,k} \triangleq \hat{P}_{i,k}^{-1}$。此外，智能体 i 的量测新息以量测信息的形式引入，其定义如下：

$$\zeta_{i,k}^{(l)} = \boldsymbol{H}_{i,k}^{\mathrm{T}}\boldsymbol{R}_{i,k}^{-1}(y_{i,k} - \overline{y}_{i,k}^{(l)} + \boldsymbol{H}_{i,k}\overline{x}_{i,k}^{(l)}) \tag{4.78}$$

$$\Xi_{i,k} = \boldsymbol{H}_{i,k}^{\mathrm{T}}\boldsymbol{R}_{i,k}^{-1}\boldsymbol{H}_{i,k} \tag{7.79}$$

此后，智能体 i 将其局部模糊信息向量 $\hat{\boldsymbol{\varphi}}_{i,k}^{(l)}$ 和不确定度信息矩阵 $\hat{\boldsymbol{\Phi}}_{i,k}$ 传递给其邻居节点，并从其邻居节点获得邻居的局部模糊信息向量 $\hat{\boldsymbol{\varphi}}_{j,k}^{(l)}$ 和不确定度信息矩阵 $\hat{\boldsymbol{\Phi}}_{j,k}$，进而采用如下加权平均一致算法更新局部后验估计：

$$\left.\begin{aligned} \hat{\boldsymbol{\varphi}}_{i,k}^{(l,s)} &= \sum_{j\in\mathcal{N}_i}\omega_{ij,k}\hat{\boldsymbol{\varphi}}_{j,k}^{(l,s-1)}, \\ \hat{\Phi}_{i,k}^{(s)} &= \sum_{j\in\mathcal{N}_i}\omega_{ij,k}\hat{\Phi}_{j,k}^{(s-1)}, \end{aligned} \quad i \in \mathcal{V}\right\} \tag{4.80}$$

其中：$\omega_{ij,k}$ 表示邻接矩阵 $\mathcal{A}_k$ 第 i 行第 j 列的元素，若 $j \notin \mathcal{N}_i$，则 $\omega_{ij,k}=0$；$s=1,2,\cdots,S$ 表示一致性迭代步数。经过一致性迭代计算后，智能体 i 的最终估计为

$$\hat{P}_{i,k} = (\hat{\Phi}_{i,k}^{(S)})^{-1} \tag{4.81}$$

$$\hat{x}_{i,k}^{(l)} = (\hat{\Phi}_{i,k}^{(S)})^{-1}\hat{\boldsymbol{\varphi}}_{i,k}^{(l,S)} \tag{4.82}$$

此外，一致性迭代计算的初始化如下：

$$\hat{\varphi}_{i,k}^{(l,0)} = \overline{\varphi}_{i,k}^{(l)} + \zeta_{i,k}^{(l)} \tag{4.83}$$

$$\hat{\Phi}_{i,k}^{(0)} = \overline{\Phi}_{i,k} + \Xi_{i,k} \tag{4.84}$$

其中：$\overline{\varphi}_{i,k}^{(l)} \triangleq \overline{P}_{i,k}^{-1}\overline{x}_{i,k}^{(l)}$ 且 $\overline{\Phi}_{i,k} \triangleq \overline{P}_{i,k}^{-1}$。特别地，当智能体之间仅相互传递 1 次信息时，即 $S=1$ 时，局部后验估计集可以表示为

$$\hat{P}_{i,k} = (\hat{\Phi}_{i,k}^{(S)})^{-1} = \left[\sum_{j\in\mathcal{N}_i}\omega_{ij,k}(\overline{P}_{i,k}^{-1} + \Xi_{i,k})\right]^{-1} = \left[\check{P}_{i,k}^{-1} + \sum_{j\in\mathcal{N}_i}\omega_{ij,k}\Xi_{i,k}\right]^{-1} \tag{4.85}$$

$$\begin{aligned} \hat{x}_{i,k}^{(l)} &= (\hat{\Phi}_{i,k}^{(S)})^{-1}\hat{\boldsymbol{\varphi}}_{i,k}^{(l,S)} = \hat{P}_{i,k}\left[\sum_{j\in\mathcal{N}_i}\omega_{ij,k}(\overline{P}_{i,k}^{-1}\overline{x}_{i,k}^{(l)} + \zeta_{i,k}^{(l)})\right] \\ &= \hat{P}_{i,k}\left[\check{P}_{i,k}^{-1}\check{x}_{i,k}^{(l)} + \sum_{j\in\mathcal{N}_i}\omega_{ij,k}\zeta_{i,k}^{(l)}\right] \end{aligned} \tag{4.86}$$

结合 FIF 算法中的式(4.76)、式(4.77)以及一致性策略式(4.80)，可以总结得到如下分布式模糊信息滤波(DFIF)算法：

$$\left.\begin{aligned}
\overline{\boldsymbol{\varphi}}_{i,k}^{(l)} &\triangleq \overline{P}_{i,k}^{-1}\overline{x}_{i,k}^{(l)} \\
\overline{\Phi}_{i,k} &\triangleq \overline{P}_{i,k}^{-1} \\
\zeta_{i,k}^{(l)} &= \boldsymbol{H}_{i,k}^{\mathrm{T}}\boldsymbol{R}_{i,k}^{-1}(y_{i,k} - \overline{y}_{i,k}^{(l)} + \boldsymbol{H}_{i,k}\overline{x}_{i,k}^{(l)}) \\
\Xi_{i,k} &= \boldsymbol{H}_{i,k}^{\mathrm{T}}\boldsymbol{R}_{i,k}\boldsymbol{H}_{i,k} \\
\hat{\varphi}_{i,k}^{(l,0)} &= \overline{\varphi}_{i,k}^{(l)} + \zeta_{i,k}^{(l)} \\
\hat{\Phi}_{i,k}^{(0)} &= \overline{\Phi}_{i,k} + \Xi_{i,k} \\
\hat{\boldsymbol{\varphi}}_{i,k}^{(l,s)} &= \sum_{j\in\mathcal{N}_i}\omega_{ij,k}\hat{\boldsymbol{\varphi}}_{j,k}^{(l,s-1)} \\
\hat{\Phi}_{i,k}^{(s)} &= \sum_{j\in\mathcal{N}_i}\omega_{ij,k}\hat{\Phi}_{j,k}^{(s-1)}
\end{aligned}\right\} \tag{4.87}$$

注释 4.5:基于假设 4.2,式(4.54)成立。此外$\mathbb{C}\left[(\check{x}_{i,k}-x_k)\boldsymbol{v}_{m,k}^{\mathrm{T}}\right]$可利用式(4.76)直接计算如下:

$$\begin{aligned}
\mathbb{C}\left[(\check{x}_{i,k}-x_k)\boldsymbol{v}_{m,k}^{\mathrm{T}}\right] &= \mathbb{C}\left[(\check{P}_{i,k}\check{P}_{i,k}^{-1}\check{x}_{i,k} - \check{P}_{i,k}\check{P}_{i,k}^{-1}x_k)\boldsymbol{v}_{m,k}^{\mathrm{T}}\right] \\
&= \check{P}_{i,k}\sum_{j\in\mathcal{N}_i}\omega_{ij,k}P_{j,k|k-1}^{-1}\,\mathbb{C}\left[(\hat{x}_{j,k|k-1}-x_k)\boldsymbol{v}_{m,k}^{\mathrm{T}}\right] = 0
\end{aligned} \tag{4.88}$$

其中,假设 4.2 中的式(4.55)保证了式(4.88)中最后一项$\mathbb{C}\left[(\hat{x}_{j,k|k-1}-x_k)\boldsymbol{v}_{m,k}\right]$为零。显然,式(4.88)意味着中间估计集的误差与量测噪声相互独立,满足使用标准信息滤波框架的基本条件[17,47-48]。

注释 4.6:局部预测估计的融合步骤式(4.76)和式(4.77)实质上仅给出了一个次优的中间估计集。此外,定理 4.1 保证了该中间估计集的一致性。因此,为了尽可能地提高估计的置信度,在融合过程中应慎重选择一致性策略的权重系数,尤其是在智能体之间通信有限的情形下,参考文献[159]将权重系数的选择转化为如下优化问题:

$$\left.\begin{aligned}
&\text{优化集合}\quad \{\omega_{ij,k}\}_{j\in\mathcal{N}_i} \\
&\min\ \mathrm{tr}(\dot{P}_{i,k}) \\
&\text{满足}\quad \sum_{j\in\mathcal{N}_i}\omega_{ij,k} = 1
\end{aligned}\right\} \tag{4.89}$$

一般而言,求解优化问题式(4.89)的计算开销较大,因此一般采用一些次优解来近似计算[159-161]。在本小节中,直接采用参考文献[159]的结论,即

$$\omega_{ij,k} = \frac{1/\varepsilon_j}{\sum\limits_{m\in\mathcal{N}_i}1/\varepsilon_m} \tag{4.90}$$

其中：$\varepsilon_j \triangleq \mathrm{tr}(\overline{P}_{j,k})$。

图 4.3 给出了分布式模糊信息滤波(DFIF)算法的总体框架。DFIF 分为更新和预测两部分。更新部分可分为两个具体步骤：①模糊信息融合，每个智能体在本地更新预测估计集$\{\overline{x}_{i,k}^{(l)},\overline{P}_{i,k}\}(i\in\mathcal{V})$，并将其发送给邻居智能体 $j\in\mathcal{N}_{i,\mathrm{out}}$；然后智能体 i 对接收到的预测估计集执行模糊信息融合，从而获得中间估计集$\{\check{x}_{i,k}^{(l)},\check{P}_{i,k}\}$。②加权平均一致性，每个智能体根据局部量测信息计算局部观测信息 $\zeta_{i,k}^{(l)}$和$\Xi_{i,k}$，并将其传递给邻居智能体 $j\in\mathcal{N}_{i,\mathrm{out}}$；然后智能体 i 执行加权平均一致性，得到后验估计集$\{\hat{x}_{i,k}^{(l)},\hat{P}_{i,k}\}$。定理 4.1 保证了模糊信息融合过程的一致性，还使得隶属度函数始终维持在梯形的状态。此外，表 4.2 给出了包含预测估计步骤的 DFIF 算法在 k 时刻的主要步骤。

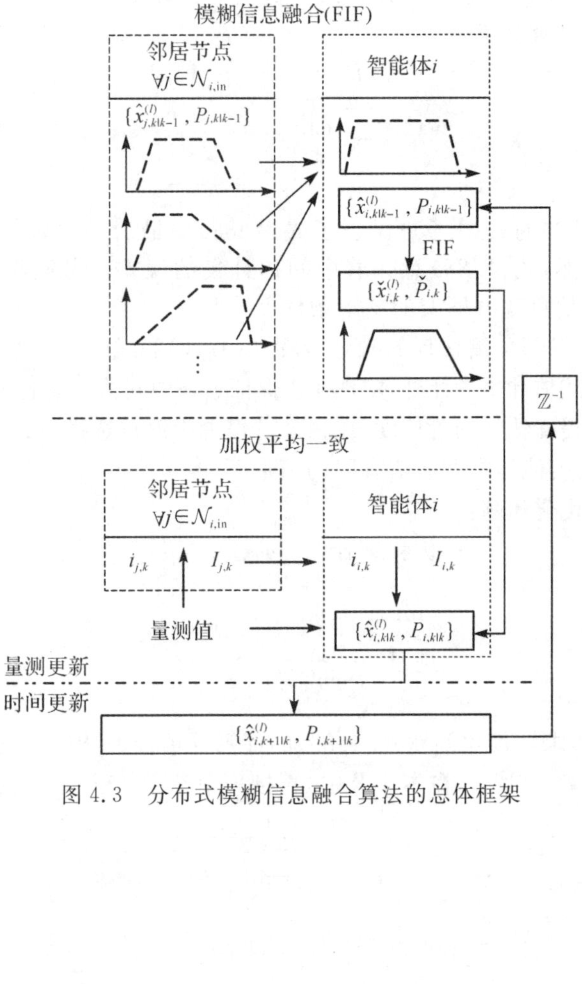

图 4.3　分布式模糊信息融合算法的总体框架

表 4.2　DFIF 算法在 k 时刻的主要步骤

在 k 时刻，获取局部预测估计集 $\{\overline{x}_{i,k}^{(l)},\overline{P}_{i,k}\}$。

模糊信息的传递：

(1)计算模糊信息向量 $\overline{\boldsymbol{\varphi}}_{i,k}^{(l)}$ 和不确定度信息矩阵 $\overline{\boldsymbol{\Phi}}_{i,k}^{(l)}$：

$$\overline{\boldsymbol{\varphi}}_{i,k}^{(l)}\triangleq\overline{P}_{i,k}^{-1}\overline{x}_{i,k}^{(l)},\quad \overline{\boldsymbol{\Phi}}_{i,k}^{(l)}\triangleq\overline{P}_{i,k}^{-1}$$

(2)计算观测新息 $\zeta_{i,k}$ 和 $\Xi_{i,k}$：

$$\zeta_{i,k}^{(l)}=\boldsymbol{H}_{i,k}^{\mathrm{T}}\boldsymbol{R}_{i,k}^{-1}(y_{i,k}-\overline{y}_{i,k}^{(l)}+\boldsymbol{H}_{i,k}\overline{x}_{i,k}^{(l)})$$

$$\Xi_{i,k}=\boldsymbol{H}_{i,k}^{\mathrm{T}}\boldsymbol{R}_{i,k}\boldsymbol{H}_{i,k}$$

(3)将局部信息 $\overline{\boldsymbol{\varphi}}_{i,k}^{(l)}$、$\overline{\boldsymbol{\Phi}}_{i,k}^{(l)}$、$\zeta_{i,k}^{(l)}$ 和 $\Xi_{i,k}$ 传递给邻居节点 j，$\forall j\in\mathcal{N}_{i,\text{out}}$。

(4)从邻居节点 j，$\forall j\in\mathcal{N}_{i,\text{in}}$ 接收信息 $\overline{\boldsymbol{\varphi}}_{j,k}^{(l)}$、$\overline{\boldsymbol{\Phi}}_{j,k}^{(l)}$、$\zeta_{j,k}^{(l)}$ 和 $\Xi_{j,k}$。

局部后验估计集的更新：

(5)根据式(4.90)优化权重系数 $\{\omega_{ij,k}\}_{j\in\mathcal{N}_i}$。

(6)一致性迭代计算。

For $s=1$ to S

$$\hat{\boldsymbol{\varphi}}_{i,k}^{(l,s)}=\sum_{j\in\mathcal{N}_i}\omega_{ij,k}\hat{\boldsymbol{\varphi}}_{j,k}^{(l,s-1)}$$

$$\hat{\Phi}_{i,k}^{(s)}=\sum_{j\in\mathcal{N}_i}\omega_{ij,k}\hat{\Phi}_{j,k}^{(s-1)}$$

End For

(7)更新局部状态估计和不确定度：

$$\hat{P}_{i,k}=[\hat{\Phi}_{i,k}^{(S)}]^{-1},\quad \hat{x}_{i,k}^{(l)}=[\hat{\Phi}_{i,k}^{(S)}]^{-1}\hat{\boldsymbol{\varphi}}_{i,k}^{(l,S)}$$

$$\mathbb{E}[\hat{x}_{i,k}]\sim\Pi(\hat{x}_{i,k}^{(1)};\hat{x}_{i,k}^{(2)};\hat{x}_{i,k}^{(3)};\hat{x}_{i,k}^{(4)})$$

$$\widetilde{x}_{i,k}=\mathbb{C}[\hat{x}_{i,k}],\quad \mathbb{U}[\hat{x}_{i,k}]=\hat{P}_{i,k}$$

局部预测更新：

(8)更新局部状态预测和相应的不确定度：

$$\hat{x}_{i,k+1|k}^{(l)}=\boldsymbol{F}_k\hat{x}_{i,k|k}^{(l)}$$

$$P_{i,k+1|k}=\boldsymbol{F}_kP_{i,k|k}\boldsymbol{F}_k^{\mathrm{T}}+\boldsymbol{Q}$$

显然，智能体 i 仅需与邻居节点进行通信，便能保证其估计集达成加权平均一致，而不需要额外的系统和拓扑信息。也就是说，本节提出的 DFIF 算法是一种完全分布式的估计算法。

4.4.3 稳定性分析

在本小节中,从估计一致性和估计误差有界性两个方面分析所提出的DFIF的稳定性。在分析算法稳定性前,首先给出部分重要符号的定义:第 i 个智能体在 k 时刻对状态 x_k 的预测估计集和后验估计集分别记作 $\{\overline{x}_{i,k}^{(l)},\overline{P}_{i,k}\}$ 和 $\{\hat{x}_{i,k}^{(l)},\hat{P}_{i,k}\}$,相应的预测误差和后验估计误差分别定义为 $\overline{\eta}_{i,k}\triangleq\mathbb{C}[\overline{x}_{i,k}]-x_k$ 和 $\hat{\eta}_{i,k}\triangleq\mathbb{C}[\hat{x}_{i,k}]-x_k$,其中 x_k 是未知的真实状态,其相应的真实不确定度分别定义为 $\tilde{\overline{P}}_{i,k}\triangleq\mathbb{C}[\overline{\boldsymbol{\eta}}_{i,k}\overline{\boldsymbol{\eta}}_{i,k}^{\mathrm{T}}]$ 和 $\tilde{\hat{P}}_{i,k}\triangleq\mathbb{C}[\hat{\boldsymbol{\eta}}_{i,k}\hat{\boldsymbol{\eta}}_{i,k}^{\mathrm{T}}]$。

(1)DFIF 的一致性。一致性作为估计算法最基本也最重要的性质之一,在信息融合过程中必须保持一致性[47]。根据定义 4.7,一致性相当于要求所估计的不确定度矩阵是真实不确定度矩阵的上界(在正定意义上)。这一特性在分布式状态估计中极为重要,这是因为网络结构中不同智能体之间的环路结构可能存在同一数据重复使用的情况,从而导致估计值的不一致甚至是分歧[47]。

本节将基于以下假设,证明所提 DFIF 算法的一致性。

假设 4.5:假设起始时刻所有智能体的预测估计集 $\{\overline{x}_{i,1}^{(l)},\overline{P}_{i,1}\}(i\in\mathcal{V})$ 是一致估计,即 $\overline{P}_{i,1}\geqslant\mathbb{C}[\overline{\boldsymbol{\eta}}_{i,1}\overline{\boldsymbol{\eta}}_{i,1}^{\mathrm{T}}]$, $\forall i\in\mathcal{V}$。

在实际应用中,状态的先验知识不难离线获得,因此假设 4.5 通常极易满足。即便最糟糕的情形下无法获得该先验信息,可令 $\overline{P}_{i,1}^{-1}=0$,依然满足假设 4.5,同时这意味着初始时刻的局部预测估计有着无限的不确定性。算法的一致性定理如下。

定理 4.2:(DFIF 的一致性)在假设 4.1～假设 4.5 都满足的前提下,DFIF 算法在任意时刻 $\forall k\in\mathbb{Z}^+$ 获得的估计集可保持一致性,即 $\overline{P}_{i,k}\geqslant\tilde{\overline{P}}_{i,k}$ 且 $\hat{P}_{i,k}\geqslant\tilde{\hat{P}}_{i,k}$。

证明:采用归纳法对上述定理进行证明。当 $k=1$ 时,在假设 4.5 满足的条件下,$\overline{P}_{i,1}\geqslant\tilde{\overline{P}}_{i,1}$ 成立。定理 4.1 表明,该时刻的后验估计集是一致的,即 $\hat{P}_{i,1}\geqslant\tilde{\hat{P}}_{i,1}$。接下来,假设当 $k=k'\in\mathbb{Z}^+$ 时,预测估计集和后验估计集是一致的,即 $\overline{P}_{i,k}\geqslant\tilde{\overline{P}}_{i,k}$ 且 $\hat{P}_{i,k}\geqslant\tilde{\hat{P}}_{i,k}$。只需证明当 $k=k'+1$ 时各估计集仍保持一致性,预测估计集的真实不确定度可分解为

$$\begin{aligned}\tilde{\bar{P}}_{i,k'+1} &= \mathbb{C}[\bar{\boldsymbol{\eta}}_{i,k'}\bar{\boldsymbol{\eta}}_{i,k'}^{\mathrm{T}}] \\ &= \mathbb{C}[\{\boldsymbol{F}_{k'}\hat{x}_{i,k'} - (\boldsymbol{F}_{k'}x_{k'} + \boldsymbol{w}_{k'})\}\{\boldsymbol{F}_{k'}\hat{x}_{i,k'} - (\boldsymbol{F}_{k'}x_{k'} + \boldsymbol{w}_{k'})\}^{\mathrm{T}}] \\ &= \mathbb{C}[(\boldsymbol{F}_{k'}\hat{\eta}_{i,k'} - \boldsymbol{w}_{k'})(\boldsymbol{F}_{k'}\hat{\eta}_{i,k'} - \boldsymbol{w}_{k'})^{\mathrm{T}}] \\ &= \boldsymbol{F}_{k'}\tilde{\hat{P}}_{i,k'}\boldsymbol{F}_{k'}^{\mathrm{T}} + \tilde{\boldsymbol{Q}} + \boldsymbol{\Omega} + \boldsymbol{\Omega}^{\mathrm{T}}\end{aligned} \tag{4.91}$$

其中：$\boldsymbol{\Omega}=\boldsymbol{F}_{k'}\mathbb{C}[\hat{\eta}_{i,k'}\boldsymbol{w}_{k'}^{\mathrm{T}}]$。对于 $\hat{\eta}_{i,k'}x_0$，$\{w_0,w_1,\cdots,w_{k'-1}\}$ 和 $\{v_0,v_1,\cdots,v_{k'-1}\}$ 的线性组合，由于基于假设 4.2 可知这些量与 $\boldsymbol{w}_{k'}$ 相互独立，因此 $\mathbb{C}[\hat{\eta}_{i,k'}\boldsymbol{w}_{k'}^{\mathrm{T}}]=0$。显然，也就意味着 $\boldsymbol{\Omega}=0$ 成立。另外，结合假设 4.1，$\boldsymbol{Q}\geqslant\tilde{\boldsymbol{Q}}$，以及前述 $k=k'$ 时的假设 $\hat{P}_{i,k'}\geqslant\tilde{\hat{P}}_{i,k'}$，不难得到

$$\bar{P}_{i,k'+1} = \boldsymbol{F}_{k'}\hat{P}_{i,k'}\boldsymbol{F}_{k'}^{\mathrm{T}} + \boldsymbol{Q} \geqslant \boldsymbol{F}_{k'}\tilde{\hat{P}}_{i,k'}\boldsymbol{F}_{k'}^{\mathrm{T}} + \tilde{\boldsymbol{Q}} = \tilde{\bar{P}}_{i,k'+1} \tag{4.92}$$

由于后验估计集是预测估计集的线性组合，根据模糊估计集的一致融合定理 4.2 可知，当预测估计集是一致的时，其后验估计集也是一致的，即 $\hat{P}_{i,k'+1}\geqslant\tilde{\hat{P}}_{i,k'+1}$。

证毕。

(2)DFIF 估计不确定度的有界性。一般而言，分布式状态估计算法的另一个重要性质是估计误差的均方有界性，即估计误差方差矩阵存在一个确定的上界(在正定意义上)。与概率框架下基于最小均方误差的滤波器不同，4.2 节中所推导的 FKF 算法是基于最小不确定度的。因此，本小节重点研究了 DFIF 算法的估计不确定度上界(在正定意义上)的存在性，并得到了如下重要定理。

定理 4.3：(估计不确定度的有界性)在假设 4.1～假设 4.5 都成立的条件下，对于网络中任意智能体 $\forall i\in\mathcal{V}$ 在 $k\in\mathbb{Z}^+$ 时刻的估计不确定度 $\hat{P}_{i,k}$，都存在一个有限上界 $0<\breve{P}_i<\infty$ 和有限时间 $\bar{k}\in\mathbb{Z}^+$，使得对于任意 $\forall k\geqslant\bar{k}$ 时刻的估计不确定度都满足 $\hat{P}_{i,k}\leqslant\breve{P}_i$。因此，估计误差在均方意义下渐近有界，即

$$\lim_{k\to\infty}\sup\mathbb{C}[(\hat{x}_{i,k}-x_{i,k})^{\mathrm{T}}(\hat{x}_{i,k}-x_{i,k})]\leqslant\breve{P}_i \tag{4.93}$$

证明：为了简便，仅讨论 $S=1$ 的情形，$S>1$ 的情形可自然拓展得到。当 $S=1$ 时，DFIF 可写成如下形式：

$$\left.\begin{aligned}
&\bar{\boldsymbol{\varphi}}_{i,k}^{(l)} \triangleq \bar{P}_{i,k}^{-1}\bar{x}_{i,k}^{(l)} \\
&\bar{\Phi}_{i,k} \triangleq \bar{P}_{i,k}^{-1} \\
&\zeta_{i,k}^{(l)} = \boldsymbol{H}_{i,k}^{\mathrm{T}}\boldsymbol{R}_{i,k}^{-1}(y_{i,k} - \bar{y}_{i,k}^{(l)} + \boldsymbol{H}_{i,k}\bar{x}_{i,k}^{(l)}) \\
&\Xi_{i,k} = \boldsymbol{H}_{i,k}^{\mathrm{T}}\boldsymbol{R}_{i,k}\boldsymbol{H}_{i,k} \\
&\hat{P}_{i,k}^{-1}\hat{x}_{i,k}^{(l)} = \sum_{j\in\mathcal{N}_i}\omega_{ij,k}(\bar{\varphi}_{i,k}^{(l)} + \zeta_{i,k}^{(l)}) \\
&\hat{P}_{i,k}^{-1} = \sum_{j\in\mathcal{N}_i}\omega_{ij,k}(\bar{\Phi}_{i,k} + \Xi_{i,k})
\end{aligned}\right\} \tag{4.94}$$

为了后续有界性的分析，此处引入参考文献[47]中的一个重要引理，该引理的详细证明过程不再赘述。

引理 4.2:令 $\boldsymbol{F}$ 为一个非奇异矩阵，那么对于任意的 $Y>0$ 和 $\check{X}>0$，总存在一个实数 $\beta\in(0,1]$，使得对任意的 $X^{-1}\geqslant\check{X}^{-1}$，总能保证不等式 $(\boldsymbol{F}X^{-1}\boldsymbol{F}^{\mathrm{T}}+Y)^{-1}\geqslant\beta\boldsymbol{F}^{-\mathrm{T}}X^{-1}\boldsymbol{F}^{-1}$ 成立。

在开始证明定理 4.3 之前，首先给出以下符号的定义。定义 $\mathcal{P}_{j,k}\triangleq\boldsymbol{F}_k\hat{\boldsymbol{P}}_{j,k}\boldsymbol{F}_k^{\mathrm{T}}$，$\Xi_{j,k}\triangleq\boldsymbol{H}_{j,k}^{\mathrm{T}}R_{j,k}\boldsymbol{H}_{j,k}$，$\forall j\in\mathcal{V},k\in\mathbb{Z}^+$。令 $\mathfrak{F}_{k_0}^{k_t}\triangleq F_{k_t}F_{k_t-1}\cdots F_{k_0+1}F_{k_0}$。定义 $\mathfrak{A}_{k_0}^{k_t}\triangleq\mathcal{A}_{k_t}\mathcal{A}_{k_t-1}\cdots\mathcal{A}_{k_0+1}\mathcal{A}_{k_0}$，其中 $k_0\leqslant k_t$，$\mathcal{A}_k$ 表示 k 时刻的邻接矩阵。邻接矩阵中的元素表示为 $\{\mathcal{A}_k\}_{(i,j)}=a_{ij,k}$，$i,j\in\mathcal{V}$，$a_{ij,k}$ 的取值取决于通信拓扑的连接关系，若 $j\in\mathcal{N}_i$，则采用 DFIF 中的权重系数对 $a_{ij,k}$ 进行赋值，即 $a_{ij,k}=\omega_{ij,k}$，否则 $a_{ij,k}=0$。

定理 4.2 已经表明，当假设 4.1～假设 4.5 成立时，任意时刻 $k\in\mathbb{Z}^+$ 的估计不确定度都满足 $\hat{P}_{i,k}\geqslant\tilde{\tilde{P}}_{i,k}>0$。由于 $Q>0$，结合引理 4.2 可知，存在一个实数 $\beta\in(0,1]$，使得对于所有的 $\forall j\in\mathcal{V}$ 和 $k\in\mathbb{Z}^+$，总能保证不等式 $(\mathcal{P}_{j,k}+\boldsymbol{Q})^{-1}\geqslant\beta_k\mathcal{P}_{j,k}^{-1}$ 成立。由于 $\Xi_{j,k}>0$，结合式(4.80)～式(4.84)不难得到如下推导：

$$\begin{aligned}
\hat{\boldsymbol{P}}_{i,k}^{-1} &= \sum_{j\in\mathcal{V}}\omega_{ij,k}\bar{\boldsymbol{P}}_{j,k}^{-1} + \sum_{j\in\mathcal{V}}\omega_{ij,k}\boldsymbol{H}_{j,k}^{\mathrm{T}}R_{j,k}\boldsymbol{H}_{j,k} \\
&= \sum_{j\in\mathcal{V}}\omega_{ij,k}(\boldsymbol{F}_{k-1}\hat{\boldsymbol{P}}_{j,k-1}\boldsymbol{F}_{k-1}^{\mathrm{T}} + \boldsymbol{Q})^{-1} + \sum_{j\in\mathcal{V}}\omega_{ij,k}\Xi_{j,k} \\
&= \sum_{j\in\mathcal{V}}\omega_{ij,k}(\mathcal{P}_{j,k-1} + \boldsymbol{Q})^{-1} + \sum_{j\in\mathcal{V}}\omega_{ij,k}\Xi_{j,k} \\
&\geqslant \sum_{j\in\mathcal{V}}\omega_{ij,k}\beta_k\mathcal{P}_{j,k-1}^{-1} + \sum_{j\in\mathcal{V}}\omega_{ij,k}\Xi_{j,k}
\end{aligned} \tag{4.95}$$

其中：$\beta_k \in (0,1]$。值得注意的是

$$
\begin{aligned}
\mathcal{P}_{j,k-1}^{-1} &= \boldsymbol{F}_{k-1}^{-\mathrm{T}} \hat{\boldsymbol{P}}_{j,k-1} \boldsymbol{F}_{k-1}^{-1} \\
&= \boldsymbol{F}_{k-1}^{-\mathrm{T}} \Big(\sum_{m\in\mathcal{V}} \omega_{jm,k-1} \overline{\boldsymbol{P}}_{m,k-1} + \sum_{m\in\mathcal{V}} \omega_{jm,k-1} \Xi_{m,k-1} \Big) \boldsymbol{F}_{k-1}^{-1} \\
&= \boldsymbol{F}_{k-1}^{-\mathrm{T}} \Big(\sum_{m\in\mathcal{V}} \omega_{jm,k-1} (\boldsymbol{F}_{k-2} \hat{\boldsymbol{P}}_{m,k-2} \boldsymbol{F}_{k-2}^{\mathrm{T}} + \boldsymbol{Q})^{-1} + \sum_{m\in\mathcal{V}} \omega_{jm,k-1} \Xi_{m,k-1} \Big) \boldsymbol{F}_{k-1}^{-1} \\
&= \boldsymbol{F}_{k-1}^{-\mathrm{T}} \Big(\sum_{m\in\mathcal{V}} \omega_{jm,k-1} (\mathcal{P}_{m,k-2} + \boldsymbol{Q})^{-1} + \sum_{m\in\mathcal{V}} \omega_{jm,k-1} \Xi_{m,k-1} \Big) \boldsymbol{F}_{k-1}^{-1} \\
&\geqslant \sum_{m\in\mathcal{V}} \omega_{jm,k-1} \beta_{k-1} \boldsymbol{F}_{k-1}^{-\mathrm{T}}\ \mathcal{P}_{m,k-2}^{-1} \boldsymbol{F}_{k-1}^{-1} + \sum_{m\in\mathcal{V}} \omega_{jm,k-1} \boldsymbol{F}_{k-1}^{-\mathrm{T}} \Xi_{m,k-1} \boldsymbol{F}_{k-1}^{-1}
\end{aligned}
\tag{4.96}
$$

其中：$\beta_{k-1} \in (0,1]$。对于任意的 $k \geqslant \tau$，定义 $B_\tau^k \triangleq \prod_{i=\tau}^{k} \beta_i$。将式(4.96) 代入式(4.95) 后，采用式(4.85) 和引理 4.2 递归计算，可得

$$
\begin{aligned}
\hat{\boldsymbol{P}}_{i,k}^{-1} \geqslant\ & B_{k-\bar{k}}^{k} \Big[\sum_{j\in\mathcal{V}} \mathfrak{A}_{k-\bar{k}(i,j)}^{k} (\mathfrak{F}_{k-\bar{k}-1}^{k-1})^{-\mathrm{T}} \hat{\boldsymbol{P}}_{j,k-\bar{k}-1}^{-1} (\mathfrak{F}_{k-\bar{k}-1}^{k-1})^{-1} \Big] + \\
& \sum_{\tau=1}^{\bar{k}} \Big[B_{k-\tau+1}^{k} (\mathfrak{F}_{k-\tau}^{k-1})^{-\mathrm{T}} \Big(\sum_{j\in\mathcal{V}} \mathfrak{A}_{k-\tau+1(i,j)}^{k} \Xi_{j,k-\tau} \Big) (\mathfrak{F}_{k-\tau}^{k-1})^{-1} \Big] + \sum_{j\in\mathcal{V}} \omega_{ij,k} \Xi_{j,k}
\end{aligned}
\tag{4.97}
$$

此后，定义下式便完成了对定理 4.3 的证明：

$$
\breve{\boldsymbol{P}}_i^{-1} = \sum_{\tau=1}^{\bar{k}} \Big[B_{k-\tau+1}^{k} (\mathfrak{F}_{k-\tau}^{k-1})^{-\mathrm{T}} \Big(\sum_{j\in\mathcal{V}} \mathfrak{A}_{k-\tau+1(i,j)}^{k} \Xi_{j,k-\tau} \Big) (\mathfrak{F}_{k-\tau}^{k-1})^{-1} \Big] \tag{4.98}
$$

实际上，当邻接矩阵$\mathcal{A}_k$ 是本原矩阵时，对于大于确定常数 τ_m 的任意时刻 τ，矩阵$\{\mathfrak{A}_{k-\tau+1}^{k}\}_{(i,j)}$ 的元素总是正的。那么，在全局可观条件下，由式(4.98) 定义的矩阵 $\breve{\boldsymbol{P}}_i^{-1}$ 对于任意的$\bar{k} \geqslant \tau_m + n$ 总能保证是正定的[47]，即

$$
\hat{\boldsymbol{P}}_{i,k}^{-1} \geqslant \breve{\boldsymbol{P}}_i^{-1} > 0, \quad \forall k \geqslant \bar{k} \geqslant \tau_m + n \tag{4.99}
$$

式(4.99)意味着对于 $\forall k \geqslant \bar{k}$，$\hat{\boldsymbol{P}}_{i,k} \leqslant \breve{\boldsymbol{P}}_i$ 成立。

证毕。

注释 4.7：与多数基于局部可观测性或可测性条件假设（如参考文献[17,26,162]）的稳定性分析相比，笔者所提算法的稳定性只依赖于全局可观测性的假设。可观测性和连通性假设的放宽降低了传感器的质量要求，提高了实际应用性。此外，即便不同传感器测量值之间可能存在未知的相关性，DFIF 算法仍能保证稳定性。

注释 4.8:本章提出的 DFIF 算法在每个智能体之间仅通信 1 次的条件下，仍能保证估计集的稳定性，这意味着通信所引起的能量消耗更少。当然，用户也可以根据不同的实际应用选择 S，以平衡能耗和估算精度。

4.5 仿真验证

本节用一个目标跟踪问题来验证所提出的 DFIF 算法的有效性。假定目标在二维平面中以恒定速度移动，目标动力学用匀速模型来建模，该模型在目标跟踪问题中得到了广泛的应用[147]，即

$$x_{k+1} = \boldsymbol{F}_{cv}\boldsymbol{x}_k + \boldsymbol{G}_{cv}w_k \tag{4.100}$$

其中：$\boldsymbol{x}_k = [p_{x,k} \quad v_{x,k} \quad p_{y,k} \quad v_{y,k}]^{\mathrm{T}}$ 为状态向量，$p_{x,k}$ 和 $v_{x,k}$ 分别代表沿 x 轴方向的位置和速度，$p_{y,k}$ 和 $v_{y,k}$ 分别代表沿 y 轴方向的位置和速度；矩阵 $\boldsymbol{F}_{cv}$ 和 $\boldsymbol{G}_{cv}$ 的定义和参考文献[147]一致，如下所示：

$$\boldsymbol{F}_{cv} = \begin{bmatrix} 1 & T & 0 & 0 \\ 0 & 1 & 0 & 0 \\ 0 & 0 & 1 & T \\ 0 & 0 & 0 & 1 \end{bmatrix}$$

$$\boldsymbol{G}_{cv} = \begin{bmatrix} \frac{T^2}{2} & 0 \\ T & 0 \\ 0 & \frac{T^2}{2} \\ 0 & T \end{bmatrix} \tag{4.101}$$

其中：T 表示采样时间。此外，假设智能体网络可获得目标的量测信息，具体而言，智能体 $i(i=1,2,\cdots,N,N=6)$ 的量测方程可以描述为

$$y_{i,k} = \boldsymbol{H}_{i,k}x_k + v_{i,k} \tag{4.102}$$

在本仿真中，令 $\boldsymbol{H}_{1,k} = \boldsymbol{H}_{2,k} = \begin{bmatrix} 1 & 0 & 0 & 0 \\ 0 & 0 & 0 & 0 \end{bmatrix}$，$\boldsymbol{H}_{3,k} = \boldsymbol{H}_{4,k} = \begin{bmatrix} 0 & 0 & 0 & 0 \\ 0 & 1 & 0 & 0 \end{bmatrix}$，$\boldsymbol{H}_{5,k} = \boldsymbol{H}_{6,k} = \begin{bmatrix} 0 & 0 & 1 & 0 \\ 0 & 0 & 0 & 1 \end{bmatrix}$。和参考文献[108]一致，过程噪声 w_k 和量测噪声 $v_{i,k}$ 被建模为如图 4.4 所示的梯形可能性分布。

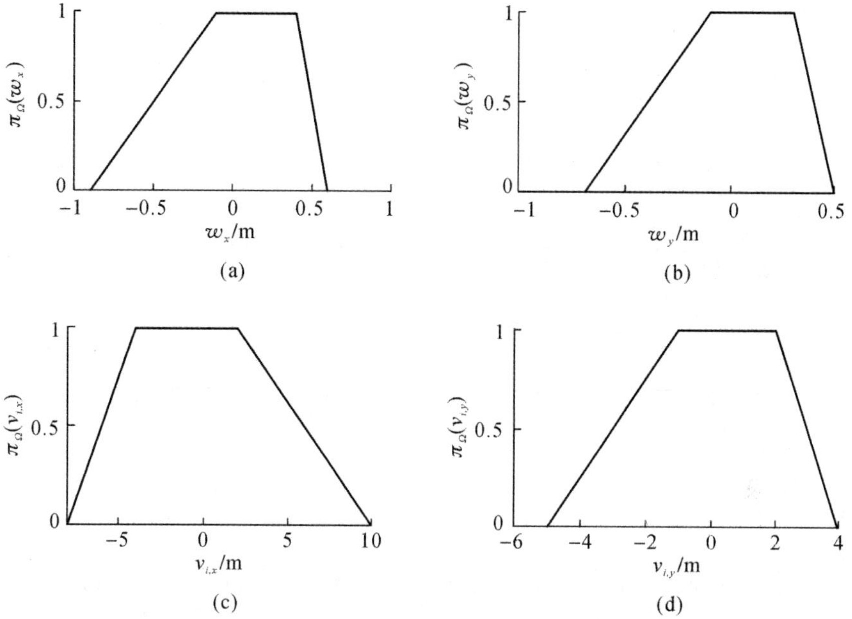

图 4.4　过程噪声 w_k 和量测噪声 $v_{i,k}$ 的可能性分布

(a)$w_{x,k}$的可能性分布；(b)$w_{y,k}$的可能性分布；(c)$v_{i,x}$的可能性分布；(d)$v_{i,y}$的可能性分布

目标轨迹由动力学方程式(4.100)生成，采样时间设为 $T=0.1$ s，目标初始状态设为 $\boldsymbol{x}_0=[-140\text{ m}\quad 20\text{ m/s}\quad 0\text{ m}\quad 20\text{ m/s}]^{\mathrm{T}}$，仿真总时长为 $T_f=5$ s，智能体之间的通信拓扑关系如图 2.2 所示。

由于智能体无法精确获得目标的初始状态信息，因此将各智能体内滤波器的初始状态设置为 $\boldsymbol{x}_{i,0}=\boldsymbol{x}_0+\Delta\boldsymbol{x}_{i,0}$(其中 $\Delta\boldsymbol{x}_{i,0}=[\Delta p_{x_i,0}\quad \Delta v_{x_i,0}\quad \Delta p_{y_i,0}\quad \Delta v_{y_i,0}]^{\mathrm{T}}$ 表示初始误差)，并将初始误差分量建模为如图 4.5 所示的梯形可能性分布。滤波器的初始输入设置为 $\overline{x}_{i,0}=\boldsymbol{x}_0+\mathbb{C}[\Delta\boldsymbol{x}_{i,0}]$和 $\overline{P}_{i,0}=\mathbb{U}[\Delta\boldsymbol{x}_{i,0}]$。

基于上述初始化条件随机生成一条目标的轨迹，图 4.6 给出了每个智能体对目标的估计轨迹。显然，本章提出的 DFIF 算法能准确地估计目标的状态。图 4.6 展示了智能体 1 对目标状态量中 $p_{x,k}$的估计，图中实线分别表示估计集中可能性分布的 4 个特征点，虚线表示可能性分布的中心梯度(即对目标状态的最终估计)。不难发现，中心梯度总是在可能性分布的可信区域内。

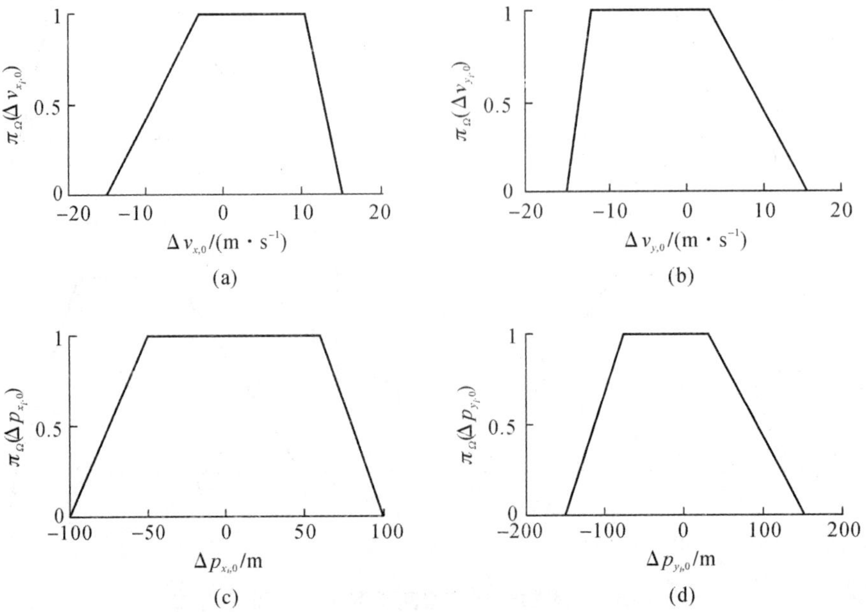

图 4.5　状态初始误差的可能性分布

(a) $w_{x,k}$ 的可能性分布；(b) $w_{y,k}$ 的可能性分布；(c) $v_{i,x}$ 的可能性分布；(d) $v_{i,y}$ 的可能性分布

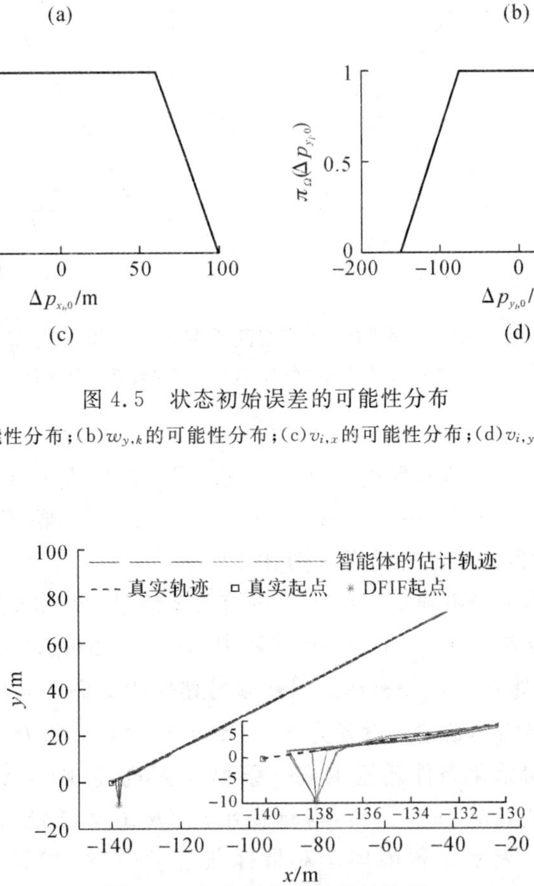

图 4.6　各个智能体的估计轨迹

为了更直观地显示 $\hat{P}_{x,k}$ 可能性分布的演化，从图 4.7 中提取了 4 个时间段[0,0.1]、[0.09,0.11]、[2,2.01]和[4.99,5]，如图 4.8 所示。由图 4.8(a)

和图 4.8(b)可以看出，可能性分布的覆盖范围随着时间的推移迅速缩小。在这种情况下，估计集表示的可能区域宽度显著小于噪声模型和初始误差的可能区域宽度(见图 4.9)，结果表明估计集的模糊性在减小。此外，由图 4.8(c)和图 4.8(d)中还能看出，梯形可能性分布的 4 个顶点的演化轨迹逐渐趋于平行，也就是说，随着时间的推移，可能区域的大小基本保持恒定，该结果满足参考文献[106]中提出的“可能区域的大小需保持一致”的要求。图 4.10 给出了智能体 1 对目标状态量中 $v_{x,k}$、$p_{y,k}$ 和 $v_{y,k}$ 的估计。这些结果的分析类似于图 4.7～图 4.9，因此这里不再赘述。此外，由于其他智能体对目标状态估计的可能性分布的演化与图 4.7 及图 4.10 类似，因此这里也不再赘述。

随机生成量测和过程噪声，经过 $N_{\text{ment}}=200$ 次蒙特卡洛试验验证本章所提的 DFIF 算法。将 DFIF 与集中式模糊信息滤波器(CFIF)的性能进行比较，后者假设有一个处理中心可以融合所有传感器的信息。和前两章一样，本小节仍采用均方误差(MSE)来评价滤波器的跟踪性能，在 DFIF 算法中，智能体 i 的 MSE 定义如下：

$$\text{MSE}_k^i=\frac{1}{N_{\text{ment}}}\sum_{j=1}^{N_{\text{ment}}}(\tilde{x}_{i,k}^j-x_k)^{\text{T}}(\tilde{x}_{i,k}^j-x_k) \tag{4.103}$$

同理，CFIF 算法的 MSE 可以表示如下：

$$\text{MSE}_k^c=\frac{1}{N_{\text{ment}}}\sum_{j=1}^{N_{\text{ment}}}(\tilde{x}_{c,k}^j-x_k)^{\text{T}}(\tilde{x}_{c,k}^j-x_k) \tag{4.104}$$

其中：$\tilde{x}_{i,k}^j$ 和 $\tilde{x}_{c,k}^j$ 分别表示第 j 次蒙特卡洛仿真中 k 时刻智能体 i 和融合中心的状态估计的中心梯度。

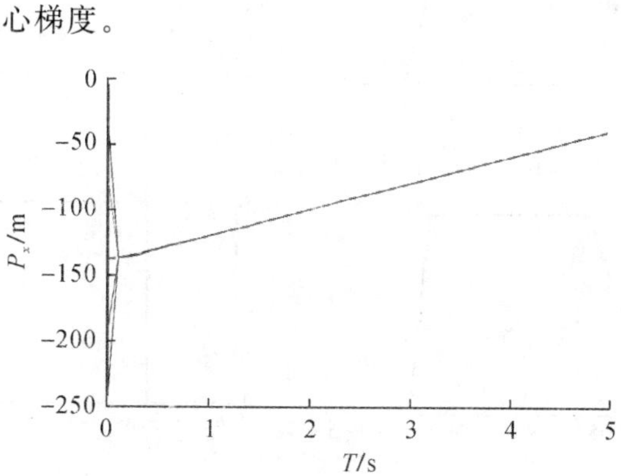

图 4.7　$\hat{P}_{x,k}$ 的可能性分布的演化

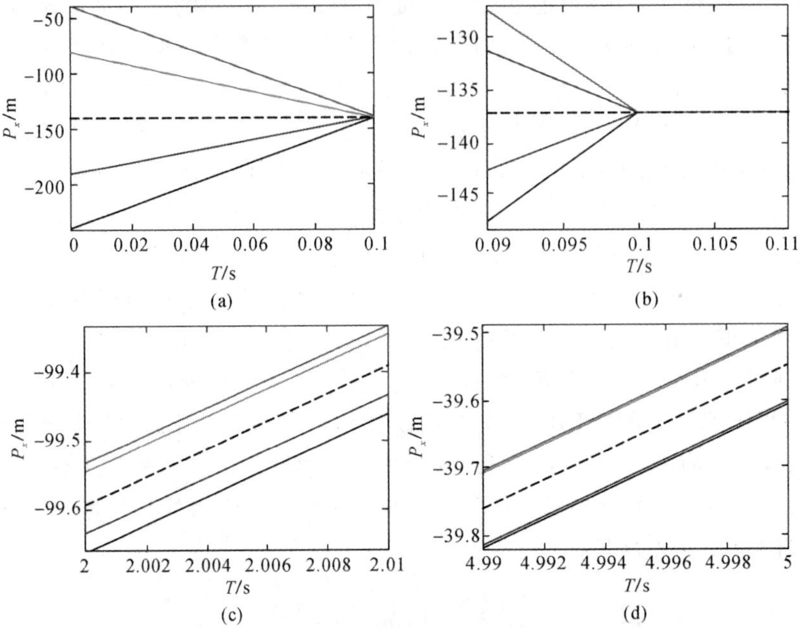

图 4.8　$\hat{P}_{x,k}$可能性分布在不同时间段上的演化

(a)时间段[0,0.1];(b)时间段[0.09,0.11];(c)时间段[2,2.01];(d)时间段[4.99,5]

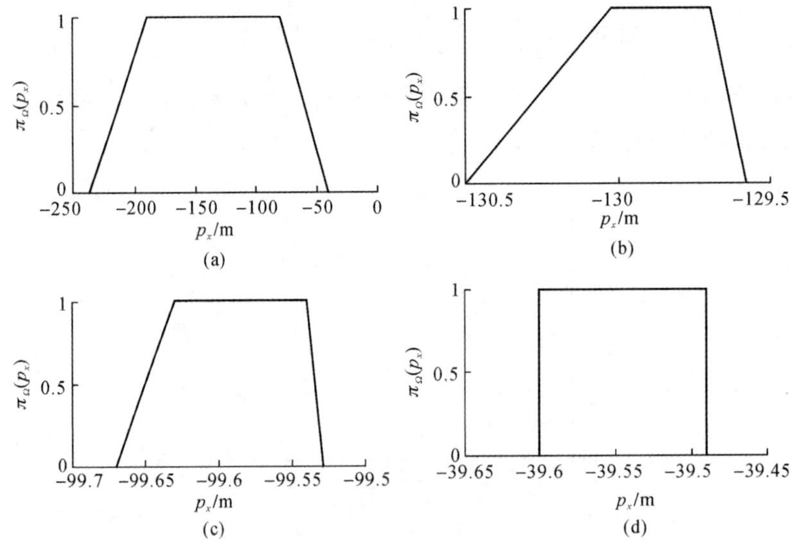

图 4.9　$\hat{P}_x$ 在不同时刻的可能性分布

(a)$\hat{P}_x$ 在 $t=0$ s时的可能性分布;(b)$\hat{P}_x$ 在 $t=0.5$ s时的可能性分布;

(c)$\hat{P}_x$ 在 $t=2$ s时的可能性分布;(d)$\hat{P}_x$ 在 $t=5$ s时的可能性分布

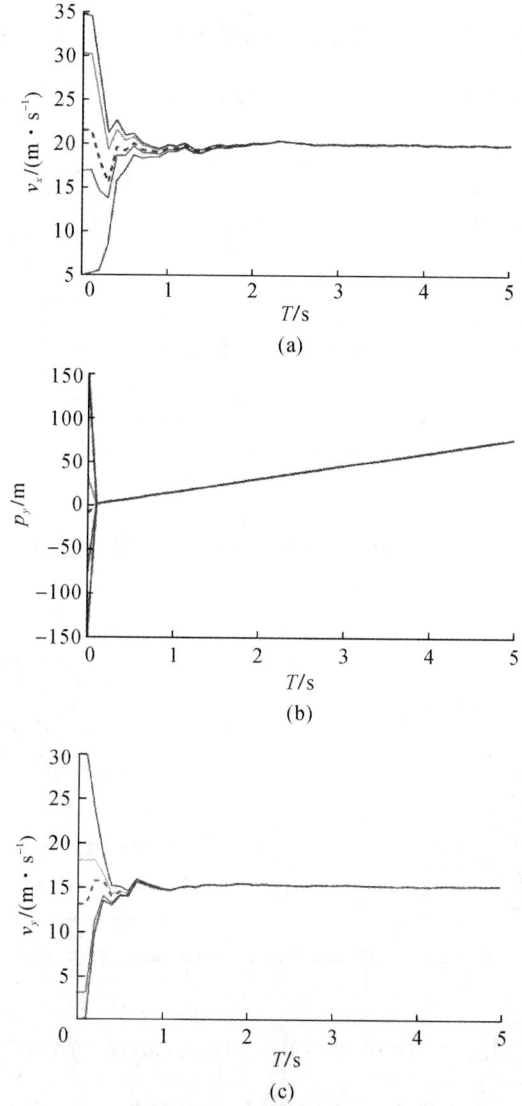

图 4.10　状态分量估计值的可能性分布的演化

(a)$\hat{\nu}_{x,k}$的可能性分布的演化；(b)$\hat{p}_{y,k}$的可能性分布的演化；(c)$\hat{\nu}_{y,k}$的可能性分布的演化

图 4.11 和图 4.12 分别比较了 DFIF 和 CFIF 之间的位置和速度均方误差。由于现有文献对 CFIF 的研究较少，本章通过假设图 $\mathcal{G}$ 是强连通的使 DFIF 退化为 CFIF。值得注意的是，CFIF 中的权重系数 $\omega_{ij,k}$ 应设置为 $\omega_{ij,k}=$

$\frac{1}{N}$，而不是根据式(4.90)计算次优解。结果表明，尽管 DFIF 的估计误差在平均意义上不如集中式的 CFIF，但 DFIF 的估计误差与 CFIF 已经非常接近。

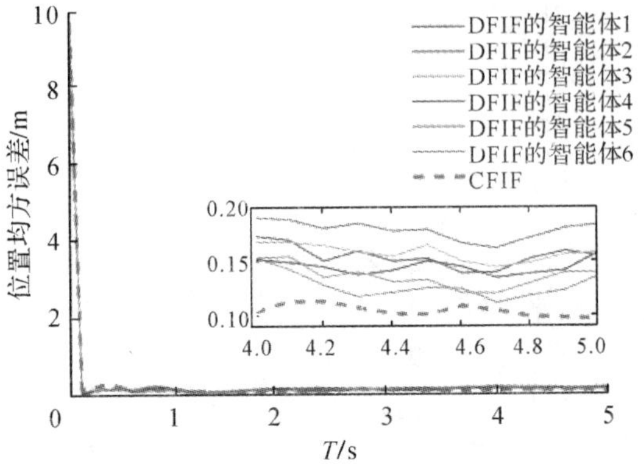

图 4.11　DFIF 和 CFIF 之间位置均方误差的比较

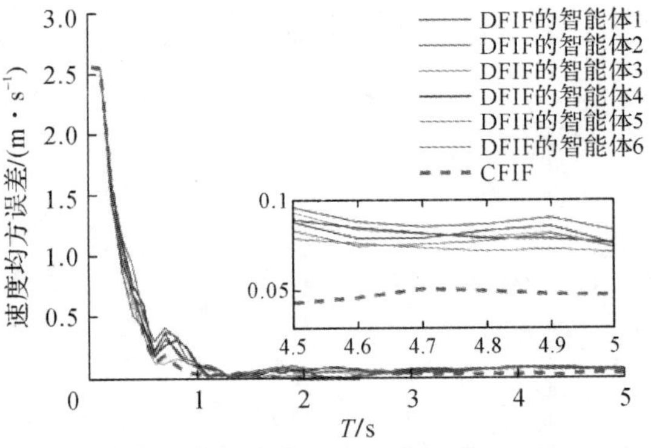

图 4.12　DFIF 和 CFIF 之间速度均方误差的比较

进一步研究一致迭代次数对 DFIF 性能的影响。图 4.13 和图 4.14 分别显示了不同迭代次数 S 条件下的位置和速度均方误差。结果表明，估计误差随 S 的增大而减小。更重要的是，随着迭代次数的增加，不同智能体的估计误差更加一致。当 $S=10$ 时，每个智能体的误差曲线几乎一致。然而，更多的迭代意味着更多的通信和更多的通信能量消耗。因此，应根据不同的精度要求和通信约束条件选择合适的迭代次数。

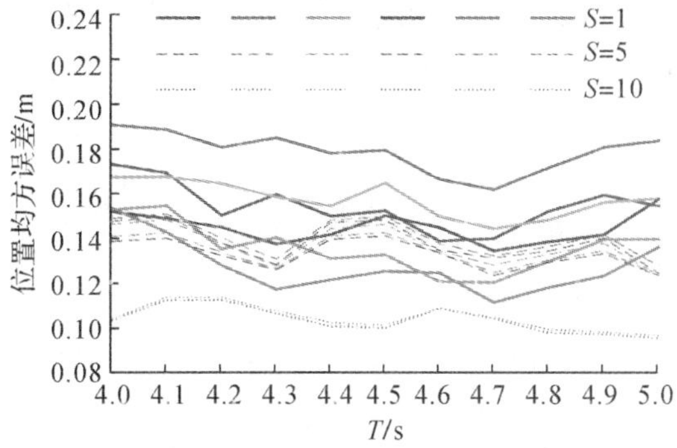

图 4.13　不同一致性迭代次数下的位置均方误差

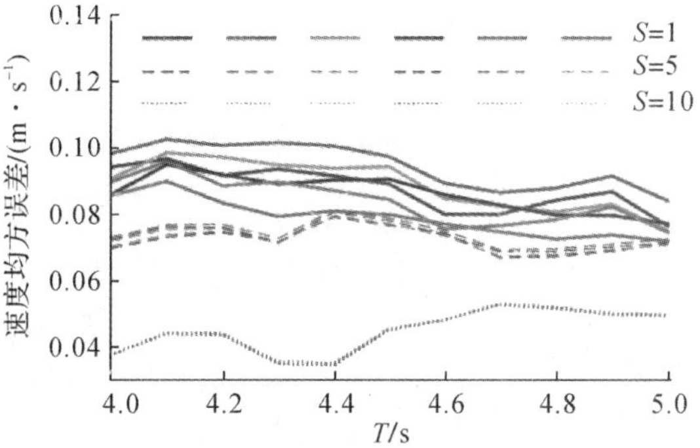

图 4.14　不同一致性迭代次数下的速度均方误差

4.6　本章小结

在分布式网络结构中，针对环境中的不确定性，本章基于可能性框架提出了一种分布式卡尔曼滤波算法。首先，将过程噪声和量测噪声建模为模糊变量，采用可能性分布代替概率分布来表示其不确定性，并基于最小不确定度推导了模糊框架下的卡尔曼滤波。然后，提出了一种新颖的 FIF 算法，保证了在分布式网络中，各个智能体能一致融合来自邻居节点的模糊的状态估计量。进而，将 FIF 算法嵌入分布式估计问题中，提出了 DFIF 算法，并通过有限的通信迭代，实现了智能体之间模糊信息向量和不确定度信息矩阵的加权平均一致。分析表明，在与邻居进行有限通信的情况下，基于全局可观性和通信拓扑连通性的假设,DFIF 算法能保证估计结果的稳定性。最后,以一个目标跟踪问题为例验证了该算法的有效性。仿真结果表明,即使分布式网络中的智能体仅与邻居节点通信一次,DFIF 算法的估计精度也能接近集中式算法的估计精度。

第 5 章　切换拓扑条件下的分布式模糊滤波算法

前几章的研究都假设智能体之间能保持稳定的通信拓扑关系，然而，在实际应用场景中，智能体间的通信链路会由于外部干扰或路径遮挡等因素而发生变化，例如第 2 章中算例 2.2 所描述的应用场景。另外，传感器与目标之间构成的观测拓扑关系往往也是时变的。传感器网络通常用于探测监视较大的区域，由于单个传感器探测范围的限制，极易导致某些传感器在某个时间段内完全无法探测到目标。因此，本章旨在基于第 4 章的模糊滤波的框架，研究一种针对切换拓扑的模糊分布式滤波算法。

5.1　引　　言

网络拓扑结构作为多智能体系统中的一个重要组成因素，对整个系统的性能有着不可忽略的影响。近年来，不同的通信拓扑结构在分布式优化[81-83]、分布式控制[117-118]和分布式估计[84-85,119]等领域得到了广泛的研究。

然而，已有的研究基本都依赖于通信拓扑总是稳定连通的假设，而在实际应用场景中，无线通信链路极易出现短时间内中断的情形，本章的研究将放宽对通信拓扑的要求。

本章在第 4 章所研究的含模糊噪声的线性系统的分布式状态估计问题的基础上，考虑切换拓扑的影响，提出一种切换拓扑条件下的分布式模糊滤波算法。本章的贡献点可总结为如下几点：

(1)针对复杂环境对多智能体系统内通信链路的影响，以及智能体对目标观测的不确定性，本章建立了同时考虑通信拓扑和观测拓扑的切换拓扑模型，并研究了在指定时间段内拓扑结构的性质，以及其对信息传递的影响。

(2)在 DFIF 的基础上考虑时变拓扑关系$\mathcal{G}(k)$，设计了一种切换拓扑条件下的分布式模糊信息融合滤波(DFIF－SIN)算法。不同于传统分布式算法要求通信拓扑每时每刻都是连通的假设，本章提出的 DFIF - SIN 算法仅要求在指定时间段内通信拓扑的并图是连通的。在此条件下，该算法不需要任何的全局参数便能在模糊信息向量和不确定度信息矩阵上实现加权平均一致。

(3)在适当的可观测性和连通性假设下，本章研究了 DFIF - SIN 算法的稳定性。借助于参考文献[47]中提出的引理，证明了 DFIF 算法在不考虑一致步数的情况下仍能保证算法的稳定性，即分布式估计是一致的且相应的不确定度有界。

本章的结构如下：第 5.2 节给出同时考虑通信拓扑和观测拓扑的切换拓扑模型，并描述了切换拓扑条件下的模糊分布式估计问题；第 5.3 节提出一种切换拓扑条件下的分布式模糊信息融合滤波算法；第 5.4 节分析切换拓扑条件下的信息传递规律，并给出 DFIF - SIN 算法的稳定性分析；第 5.5 节以经典匀速跟踪问题为背景仿真验证本章提出的算法的有效性；第 5.6 节对本章内容进行总结。

这里首先对一些符号进行定义，便于后文的描述和证明推导：$\mathbb{E}[\cdot]$表示随机变量的期望；$\mathbb{C}[\cdot]$和$\mathbb{U}[\cdot]$分别表示模糊变量的中心梯度和不确定度；$\mathbb{R}^n$ 表示 n 维欧式空间；$\mathbb{R}^{n\times m}$表示所有 $n\times m$ 的实矩阵的集合；$\mathbb{Z}^+$表示正整数集；$\mathrm{tr}(\boldsymbol{X})$表示矩阵 $\boldsymbol{X}$ 的迹；不等式 $\boldsymbol{A}\geqslant\boldsymbol{B}$ 表示一种半正定关系，即当且仅当 $\boldsymbol{A}-\boldsymbol{B}$ 是半正定矩阵时记作 $\boldsymbol{A}\geqslant\boldsymbol{B}$。为了简化书写，将预测估计$\{\cdot\}_{k|k-1}$简化表示为$\{\overline{\cdot}\}_k$，将后验估计$\{\cdot\}_{k|k}$简化表示为$\{\hat{\cdot}\}_k$。定义时刻片段$\mathcal{T}_{k_0}^{k_t}\triangleq[k_0,\cdots,k_t]$，其中 $k_0,k_t\in\mathbb{Z}^+$表示整数时刻序列，且 $k_t\geqslant k_0$。集合运算\表示$\{\boldsymbol{A}\}\backslash\{\boldsymbol{B}\}=\{x\,|\,x\in\boldsymbol{A},x\notin\boldsymbol{B}\}$。

5.2 问题描述

在本节中，首先介绍切换拓扑的相关知识，然后详细描述切换拓扑条件下的分布式模糊滤波问题。

5.2.1 智能体与目标的拓扑结构

在任意时刻 $k\in\mathbb{Z}^+$，智能体之间的通信都可以用有向图$\mathcal{G}(k)=\{\mathcal{V}(k),\mathcal{E}(k)\}$表示，其中$\mathcal{V}(k)=\{1,2,\cdots,N\}$和$\mathcal{E}(k)\subseteq\mathcal{V}(k)\times\mathcal{V}(k)$分别表示图的点集和边集。在本章中，由于任何结论都不涉及智能体的总数，因此在不失一般性的前提下，假设智能体总数 N 为固定常数，即$\mathcal{V}(k)=\mathcal{V}=\{1,2,\cdots,N\}$。若边$(i,j)\in\mathcal{E}(k)$，则表示智能体 i 可以将信息传递给智能体 j（并不表示智能体 j

可以将信息传递给智能体 i）。进一步，将所有可以将信息传到智能体 i 的节点称为 i 的入节点，并将这些节点的集合定义为 i 的入集 $\mathcal{N}_{i,\mathrm{in}}(k)\triangleq\{j\in\mathcal{V}\mid(j,i)\in\mathcal{E}(k),\forall j\neq i\}$。同理，将所有能收到智能体 i 发出的信息的节点称为 i 的出节点，并将这些节点的集合定义为 i 的出集 $\mathcal{N}_{i,\mathrm{out}}(k)\triangleq\{j\in\mathcal{V}\mid(i,j)\in\mathcal{E}(k),\forall j\neq i\}$。特别地，智能体 i 自身和其所有入节点的集合用 $\mathcal{N}_i(k)\triangleq\mathcal{N}_{i,\mathrm{in}}\cup\{i\}$ 表示，即智能体 i 的包含邻域。为了后续与图相关的性质的描述，这里首先定义一个重要的概念，即有向路径。

定义 5.1：若节点 i_0 和 i_l 之间存在一系列有序的节点 $i_0,i_1,\cdots,i_l$，使得对于任意的 $1\leqslant j\leqslant l$，都存在 $(i_{j-1},i_j)\in\mathcal{E}(k)$，则称节点 i_0 和 i_l 之间在 k 时刻存在一条有向路径。

若有向图 $\mathcal{G}$ 内从任意一个节点到另一个任意节点之间都至少存在一条有向路径，则称有向图 $\mathcal{G}$ 是强连通的。对于有向图 $\mathcal{G}'=(\mathcal{V}',\mathcal{E}')$ 和 $\mathcal{G}=(\mathcal{V},\mathcal{E})$，若有向图 $\mathcal{G}'$ 的节点集和边集满足 $\mathcal{V}'\subseteq\mathcal{V}$，$\mathcal{E}'\subseteq\mathcal{E}$，则称图 $\mathcal{G}'=(\mathcal{V}',\mathcal{E}')$ 是图 $\mathcal{G}=(\mathcal{V},\mathcal{E})$ 的子图。如果有向连通图 $\mathcal{G}$ 的一个子图是一棵包含 $\mathcal{G}$ 的所有顶点的树，则该子图称为 $\mathcal{G}$ 的有向生成树。在时刻片段 $\mathcal{T}$ 内的并图定义为 $\mathcal{G}[\mathcal{T}]\triangleq\mathcal{G}(\mathcal{V},\bigcup_{k\in\mathcal{T}}\mathcal{E}(k))$。

为了更直观地描述智能体之间的通信拓扑图，本章将图的邻接矩阵定义为由元素 $a_{ij}(k)$ 组成的矩阵 $\mathcal{A}(k)$，且 $a_{ij}(k)$ 满足 $a_{ii}(k)>0$，$a_{ij}(k)\geqslant 0$，$\sum_{j\in\mathcal{V}(k)}a_{ij}(k)=1$。若 $a_{ij}>0$，$j\neq i$，则表示 $(j,i)\in\mathcal{E}$，也就是说智能体 j 可以将信息传递给智能体 i，这种情形下，称智能体 j 是智能体 i 的邻居节点。反之，如果 $a_{ij}=0$，$j\neq i$，则表示 $(j,i)\notin\mathcal{E}$，也就是说智能体 j 无法将信息传递给智能体 i。

本章考虑由 n 个智能体和一个目标共同构成的系统，智能体之间的通信用有向图 $\mathcal{G}(k)$ 描述。此外，整个系统内的联系用图 $\bar{\mathcal{G}}(k)$ 进行描述，其中智能体与目标之间的边表示了观测关系，显然 $\mathcal{G}(k)\subseteq\bar{\mathcal{G}}(k)$。

定义 $\mathcal{P}=\{1,2,\cdots,N_{\bar{\mathcal{G}}(k)}\}$ 为系统所有可能连通图的索引集合，$\tau:[0,\infty)\to\mathcal{P}$ 为切换信号。假设存在一个无限有界的、不重叠的、连续的时间间隔序列 $[k_t,k_{t+1})(t=0,1,\cdots)$，其中 $k_0=0$ 且有一个固定的停留时间 $\tau_0>0$ 使得 $k_{t+1}-k_t\geqslant\tau_0$，那么在时间间隔 $[k_t,k_{t+1})$ 中，本章用邻接矩阵 $\mathcal{A}(k)=(a_{ij}(k))_{nn}$ 来描述智能体之间时变的通信拓扑 $\mathcal{G}(k)$，即

$$a_{ij}(k)=\begin{cases}a_{ij}(k), & \text{若智能体 } j \text{ 在 } k \text{ 时刻可将信息传递给智能体 } i\\ 0, & \text{否则}\end{cases}\tag{5.1}$$

其中：$\alpha_{ij}(i,j=1,2,\cdots,n)$为固定正常数。此外，定义观测标志参数 $b_i(k)$用以描述智能体 i 与目标间的观测关系，即

$$b_{ij}(k)=\begin{cases}\beta_i, & \text{若智能体 } i \text{ 在 } k \text{ 时刻可观测到目标}\\ 0, & \text{否则}\end{cases} \tag{5.2}$$

其中：$\beta_i=1(i=1,2,\cdots,n)$。令$\mathcal{B}(k)=\text{diag}[b_1(k),b_2(k),\cdots,b_n(k)]$，则矩阵$\mathcal{B}(k)$可以准确描述智能体网络对目标的观测拓扑结构，那么在时间间隔$[k_t,k_{t+1})$中$\mathcal{B}(k)$也是分段常数矩阵，且在时间段$[0,\infty)$内取有限值。

例 5.1：以图 5.1 中的拓扑结构为例，其包含了 6 个智能体(S_1,S_2,S_3,S_4,S_5,S_6)以及 1 个目标 T，$T(k_1)$和 $T(k_2)$分别表示目标在 k_1 和 k_2 时刻的位置，智能体之间的虚线表示智能体之间存在通信链路以实现信息的有向传递，带箭头的实线表示智能体可观测到目标，互连拓扑分为 4 个三角形区域。在 k_1 时刻，目标位于第 1 个三角形区域，智能体 S_3、S_5、S_6 无法进行量测(可能由于距离太远、障碍阻断或其他限制导致)，那么 $b_1(k_1)=\beta_1$，$b_2(k_1)=\beta_2$，$b_3(k_1)=0$，$b_4(k_1)=\beta_4$，$b_5(k_1)=0$，$b_6(k_1)=0$。而在 k_2 时刻，目标位于第 3 个三角形区域，此时智能体 S_1、S_4、S_6 无法进行量测，即 $b_1(k_2)=0$，$b_2(k_2)=\beta_2$，$b_3(k_2)=\beta_3$，$b_4(k_2)=0$，$b_5(k_2)=\beta_5$，$b_6(k_2)=0$。

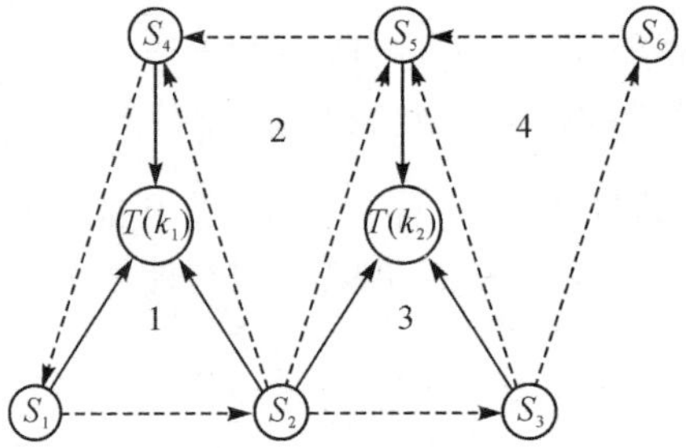

图 5.1　包含目标观测关系的拓扑结构

5.2.2　切换拓扑条件下的模糊分布式估计问题

考虑如下线性时变动力学方程：

$$x_{k+1}=\boldsymbol{F}_k x_k+w_k \tag{5.3}$$

其中：$x_k\in\mathbb{R}^n$ 表示目标状态量；$\boldsymbol{F}_k$ 表示状态转移矩阵；w_k 表示过程噪声。为了估计目标的状态，假定由 N 个智能体对目标进行观测，且智能体之间经由有限的通信链路构成一个分布式的网络结构，其时变的通信关系由有向图$\mathcal{G}(k)$定义，且邻接矩阵为$\mathcal{A}(k)=(a_{ij}(k))_{nn}$。假设第 i 个智能体在 k 时刻独立

地对目标进行观测，观测矩阵为 $\boldsymbol{H}_{i,k}^{(0)}$，引入智能体与目标的观测标志参数 $b_i(k)$后，其观测模型可以描述为

$$y_{i,k} = b_i(k)\boldsymbol{H}_{i,k}^{(0)}x_k + v_{i,k} = \boldsymbol{H}_{i,k}x_k + v_{i,k} \tag{5.4}$$

其中：量测矩阵 $\boldsymbol{H}_{i,k} \triangleq b_i(k)\boldsymbol{H}_{i,k}^{(0)}$ 包含智能体与目标之间的观测关系；$v_{i,k}$表示量测噪声。特别地，当智能体 i 在 k 时刻无法观测到目标时(例如图 5.1 中的智能体 S_6)，结合式(5.2)不难发现，观测矩阵 $\boldsymbol{H}_{i,k}=\boldsymbol{0}$ 且量测值 $y_{i,k}=v_{i,k}$。由于只有一部分智能体能直接观测目标，这里给出盲节点的定义如下。

定义 5.2：令$\mathcal{V}_b(k)\subset\mathcal{V}$是 k 时刻网络结构中的盲节点的集合。对于智能体 i，如果其包含邻域内的所有的节点 $j\in\mathcal{N}_i(k)$在 k 时刻都不能直接观测目标，那么称智能体 i 为盲节点。结合式(5.2)和式(5.4)不难得到，若 $i\in\mathcal{V}_b(k)$，则其包含邻域内的所有的节点 $\forall j\in\mathcal{N}_i(k)$的量测矩阵都满足 $\boldsymbol{H}_{j,k}=\boldsymbol{0}$，且量测值 $y_{j,k}=v_{j,k}$。

注释 5.1：本节所使用的术语“盲节点”和参考文献[22,27,47－48]中的某些术语类似。例如，参考文献[22,48]中提出的“幼稚智能体”、参考文献[27]中提出的“非局部一致可观测性”以及参考文献[47]中的“通信节点”。为了简化稳定性分析的过程，这些研究都假设不直接观测目标的节点集合不随时间而变化。这一假设使得无法直接观测目标的现象可以用包含邻域中的时不变可观测性/可检测性条件等价地定义。然而，本章所研究的问题更具有一般性，盲节点集是一个时变的集合，盲节点集仅能表示某个时刻智能体与目标之间的观测关系。盲节点集的变化都反映为观测拓扑$\mathcal{B}(k)$的变化。因此，本章的重点之一就是在切换拓扑条件下[即针对时变的$\mathcal{A}(k)$和$\mathcal{B}(k)$]，研究分布式估计算法。

考虑到传感器漂移或未知复杂环境因素的影响，噪声 w_k 和 $v_{i,k}$将表现出较强的不确定性[106,108]。和第 4 章一致，本节假设噪声为模糊随机变量并将其隶属度函数建模为梯形可能性分布，另外，假设噪声 w_k 和 $v_{i,k}$相互独立，且其可能性分布、中心梯度以及不确定度分别表示为

$$\left.\begin{aligned}&\mathbb{E}[w_k] \sim \Pi(w_k^{(1)};w_k^{(2)};w_k^{(3)};w_k^{(4)})\\&\widetilde{w}_k = 0\\&\mathbb{U}[w_k] = \widetilde{\boldsymbol{Q}}_k\end{aligned}\right\} \tag{5.5}$$

$$\left.\begin{aligned}&\mathbb{E}[v_{i,k}] \sim \Pi(v_{i,k}^{(1)};v_{i,k}^{(2)};v_{i,k}^{(3)};v_{i,k}^{(4)})\\&\widetilde{v}_{i,k} = 0\\&\mathbb{U}[v_{i,k}] = \widetilde{\boldsymbol{R}}_{i,k}\end{aligned}\right\} \tag{5.6}$$

由于目标状态 x_k 和量测值 $y_{i,k}$ 会继承式(5.5)和式(5.6)中噪声的不确定性，所以根据引理 4.1，目标状态的全局预测可能性分布可以表示为

$$\mathbb{E}[\overline{x}_k] \sim \Pi(\overline{x}_k^{(1)};\overline{x}_k^{(2)};\overline{x}_k^{(3)};\overline{x}_k^{(4)}) \tag{5.7}$$

而在获取全局量测 $\{y_{i,k} \mid i\in\mathcal{V}\}$ 后，目标状态的全局后验可能性分布则可以表示为

$$\mathbb{E}[\hat{x}_k] \sim \Pi(\hat{x}_k^{(1)};\hat{x}_k^{(2)};\hat{x}_k^{(3)};\hat{x}_k^{(4)}) \tag{5.8}$$

另外，对于智能体 i 而言，目标状态的局部预测可能性分布可以表示为

$$\mathbb{E}[\overline{x}_{i,k}] \sim \Pi(\overline{x}_{i,k}^{(1)};\overline{x}_{i,k}^{(2)};\overline{x}_{i,k}^{(3)};\overline{x}_{i,k}^{(4)}) \tag{5.9}$$

而在获得局部量测 $y_{j,k}$ 后，目标状态的局部后验可能性分布则可以表示为

$$\mathbb{E}[\hat{x}_{i,k}] \sim \Pi(\hat{x}_{i,k}^{(1)};\hat{x}_{i,k}^{(2)};\hat{x}_{i,k}^{(3)};\hat{x}_{i,k}^{(4)}) \tag{5.10}$$

在分布式网络结构中，各个智能体旨在基于局部的量测式(5.4)和全局的运动方程式(5.3)实现对状态量 x_k(模糊变量)的实时估计。第 4 章已经在固定拓扑条件下(即时不变的通信拓扑图 $\mathcal{G}$)，基于 $\mathcal{G}$ 连通的假设解决了模糊分布式估计问题。本章目的是设计一种分布式模糊算法，针对时变的拓扑结构[即时变的 $\mathcal{G}(k)$ 和 $\mathcal{B}(k)$]，以保证在任意时刻 $k\in\mathbb{Z}^+$，每个智能体 i 都能通过融合局部量测、入节点 $j\in\mathcal{N}_{i,\text{in}}(k)$ 的量测信息 $\{y_{j,k},R_{j,k}\}$ 以及入节点的预测可能性分布 $\mathbb{E}[\overline{x}_{j,k}]\sim\Pi(\overline{x}_{j,k}^{(1)};\overline{x}_{j,k}^{(2)};\overline{x}_{j,k}^{(3)};\overline{x}_{j,k}^{(4)})$，更新其局部后验可能性分布 $\mathbb{E}[\hat{x}_{i,k}]\sim\Pi(\hat{x}_{i,k}^{(1)};\hat{x}_{i,k}^{(2)};\hat{x}_{i,k}^{(3)};\hat{x}_{i,k}^{(4)})$。

与第 4 章类似，本章的研究基于以下几个假设。

假设 5.1：假设在任意时刻 $k\in\mathbb{Z}^+$，每个智能体 $i\in\mathcal{V}$ 都已知以下信息：

(1)状态转移矩阵 $\boldsymbol{F}_k$；

(2)全局过程噪声不确定度矩阵的一致上界 $\boldsymbol{Q}_k$，即 $\boldsymbol{Q}_k\geqslant\widetilde{\boldsymbol{Q}}_k$；

(3)局部量测噪声不确定度矩阵的一致上界 $\boldsymbol{R}_{i,k}$，即 $\boldsymbol{R}_{i,k}\geqslant\widetilde{\boldsymbol{R}}_{i,k}$。

为了简化，对于所有的时刻 $k\in\mathbb{Z}^+$，取 $\boldsymbol{Q}=\max\boldsymbol{Q}_k$，$\widetilde{\boldsymbol{Q}}=\max\widetilde{\boldsymbol{Q}}_k$。

假设 5.2：假设在任意时刻 $\forall k,k'\in\mathbb{Z}^+$ 且 $k'>k$，目标状态 x_k 与噪声 $\boldsymbol{v}_{i,k}$ 相互独立，且目标状态 $x_{k'}$ 与噪声 $\boldsymbol{w}_k$ 相互独立，即

$$\mathbb{C}[x_k\boldsymbol{v}_{i,k}^{\mathrm{T}}]=0,\quad \mathbb{C}[x_{k'}\boldsymbol{w}_k^{\mathrm{T}}]=0 \tag{5.11}$$

此外，对于每个智能体而言

$$\mathbb{C}[\boldsymbol{v}_{i,k}\boldsymbol{v}_{j,k}^{\mathrm{T}}]=0,\quad \forall i\neq j \tag{5.12}$$

$$\mathbb{C}[(\overline{x}_{i,k}-x_k)\boldsymbol{v}_{j,k}^{\mathrm{T}}]=0,\quad \forall i,j \tag{5.13}$$

注释 5.2：大多数分布式估计方法的研究都假设智能体网络的通信拓扑 $\mathcal{G}$ 是无向连通的，但在本章的研究中并不要求时变的有向通信拓扑 $\mathcal{G}(k)$ 每时每

刻保持连通，其连通性的相关假设将在后文中给出。

5.3　切换拓扑条件下的分布式模糊信息融合滤波

第 4 章已经给出了分布式模糊信息滤波(DFIF)算法并分析了 DFIF 算法的稳定性，本节在 DFIF 算法的基础上考虑时变拓扑关系$\mathcal{G}(k)$，设计一种切换拓扑条件下的分布式模糊信息融合滤波(DFIF - SIN)算法。和 DFIF 算法类似，该算法可以分为局部预测估计集的融合和局部后验估计集的一致更新两个融合子步骤。

(1)局部预测估计集的融合。算法第一个子步骤的目的是融合所有的局部预测估计$\{\bar{x}_{j,k}^{(l)},\bar{\boldsymbol{P}}_{j,k}\},j\in\mathcal{N}_{i,\text{in}}(k)$以获得一个中间估计集$\{\check{x}_{i,k}^{(l)},\check{\boldsymbol{P}}_{i,k}\}$。结合引理 4.1 和动力学模型式(5.3)，易得

$$\bar{x}_{j,k}^{(l)}=\boldsymbol{F}_{k-1}\hat{x}_{j,k-1}^{(l)}+w_k \tag{5.14}$$

$$\bar{\boldsymbol{P}}_{j,k}=\boldsymbol{F}_{k-1}\hat{\boldsymbol{P}}_{j,k-1}\boldsymbol{F}_{k-1}^{\mathrm{T}}+\boldsymbol{Q} \tag{5.15}$$

为了融合上述相关性未知的模糊信息，这里引入第 4 章给出的模糊信息融合定理 4.1，具体融合过程如下：

$$\check{\boldsymbol{P}}_{i,k}^{-1}\check{x}_{i,k}^{(l)}=\sum_{j\in\mathcal{N}_i(k)}\omega_{ij,k}\bar{\boldsymbol{P}}_{j,k}^{-1}\bar{x}_{j,k}^{(l)} \tag{5.16}$$

$$\check{\boldsymbol{P}}_{i,k}^{-1}=\sum_{j\in\mathcal{N}_i(k)}\omega_{ij,k}\bar{\boldsymbol{P}}_{j,k}^{-1} \tag{5.17}$$

其中：$\bar{x}_{j,k}$ 和 $\bar{\boldsymbol{P}}_{j,k}$ 可根据 4.2 节中提出的 FKF 算法在局部获得。此外，$\sum_{j\in\mathcal{N}_i(k)}\omega_{ij,k}=1,\forall i\in\mathcal{V}$表示智能体$i$在$k$时刻分配给从智能体$j$处接收的信息的权重。

(2)局部后验估计集的一致更新。算法第二个子步骤是结合中间估计集$\{\check{x}_{i,k}^{(l)},\check{\boldsymbol{P}}_{i,k}\}$和时变的邻居节点$\forall j\in\mathcal{N}_{i,\text{in}}(k)$的量测集$\{y_{j,k},\boldsymbol{R}_{j,k}\}$，利用平均一致算法更新局部后验估计。

和 DFIF 类似，这里仍然采用信息滤波的框架，具体而言，智能体i的局部估计可以转换为模糊信息向量$\hat{\boldsymbol{\varphi}}_{i,k}^{(l)}\triangleq\hat{\boldsymbol{P}}_{i,k}^{-1}\hat{x}_{i,k}^{(l)}$和不确定度信息矩阵$\hat{\boldsymbol{\Phi}}_{i,k}\triangleq\hat{\boldsymbol{P}}_{i,k}^{-1}$。此外，智能体$i$的量测新息以量测信息的形式引入，其定义如下：

$$\zeta_{i,k}^{(l)}=\boldsymbol{H}_{i,k}^{\mathrm{T}}\boldsymbol{R}_{i,k}^{-1}(y_{i,k}-\bar{y}_{i,k}^{(l)}+\boldsymbol{H}_{i,k}\bar{x}_{i,k}^{(l)}) \tag{5.18}$$

$$\Xi_{i,k}=\boldsymbol{H}_{i,k}^{\mathrm{T}}\boldsymbol{R}_{i,k}^{-1}\boldsymbol{H}_{i,k} \tag{5.19}$$

其中：量测矩阵$\boldsymbol{H}_{i,k}\triangleq b_i(k)\boldsymbol{H}_{i,k}^{(0)}$包含智能体与目标之间的观测关系。结合式

(5.2)不难发现,当智能体 i 在 k 时刻无法观测到目标时,观测矩阵 $\boldsymbol{H}_{i,k}=\boldsymbol{0}$。

此后,智能体 i 将其局部模糊信息向量 $\hat{\boldsymbol{\varphi}}_{i,k}^{(l)}$ 和不确定度信息矩阵 $\hat{\boldsymbol{\Phi}}_{i,k}$ 经由时变的通信拓扑 $\mathcal{G}(k)$ 传递给其出集节点 $\mathcal{N}_{i,\mathrm{out}}(k)$,并从其入集节点 $j\in\mathcal{N}_{i,\mathrm{in}}(k)$ 获得邻居的局部模糊信息向量 $\hat{\boldsymbol{\varphi}}_{j,k}^{(l)}$ 和不确定度信息矩阵 $\hat{\boldsymbol{\Phi}}_{j,k}$。为了减少多次通信引起的能量损耗,本小节考虑智能体之间仅传递一次信息,并采用如下加权平均一致策略更新局部后验估计:

$$\left.\begin{aligned}\hat{\boldsymbol{\varphi}}_{i,k}^{(l)} &= \sum_{j\in\mathcal{N}_i(k)}\omega_{ij,k}\overline{\boldsymbol{\varphi}}_{j,k}^{(l)}+\sum_{j\in\mathcal{N}_i(k)}\zeta_{i,k}^{(l)}\\ \hat{\boldsymbol{\Phi}}_{i,k} &= \sum_{j\in\mathcal{N}_i(k)}\omega_{ij,k}\overline{\boldsymbol{\Phi}}_{j,k}+\sum_{j\in\mathcal{N}_i(k)}\Xi_{i,k}\end{aligned}\right\}\tag{5.20}$$

其中:$\overline{\boldsymbol{\varphi}}_{i,k}^{(l)}\triangleq\overline{\boldsymbol{P}}_{i,k}^{-1}\overline{x}_{x_{i,k}}^{(l)}$ 且 $\overline{\boldsymbol{\Phi}}_{i,k}\triangleq\overline{\boldsymbol{P}}_{i,k}^{-1}$;$\omega_{ij,k}$ 表示智能体 i 在 k 时刻分配给从智能体 j 处接收的信息的权重,若 $j\notin\mathcal{N}_i(k)$,则 $\omega_{ij,k}=0$,而权重系数 $\{\omega_{ij,k}\}_{j\in\mathcal{N}_i(k)}$ 的选择仍可参照注释 4.6 中的方式转换为如下优化问题:

$$\left.\begin{aligned}&\text{优化集合}\quad\{\omega_{ij,k}\}_{j\in\mathcal{N}_i(k)}\\ &\min\ \mathrm{tr}(P_{i,k})\\ &\text{满足}\sum_{j\in\mathcal{N}_i(k)}\omega_{ij,k}\end{aligned}\right\}\tag{5.21}$$

一般而言,求解优化问题式(5.21)的计算开销较大,因此一般采用一些次优解来近似计算[159-161]。这里直接采用参考文献[159]的结论,即

$$\omega_{ij,k}=\frac{1/\varepsilon_j}{\sum\limits_{m\in\mathcal{N}_i(k)}1/\varepsilon_m}\tag{5.22}$$

其中:$\varepsilon_j\triangleq\mathrm{tr}(\overline{\boldsymbol{P}}_{j,k})$。

结合式(5.16)、式(5.17),局部后验估计集可以表示为

$$\hat{\boldsymbol{P}}_{i,k}=[\hat{\boldsymbol{\Phi}}_{i,k}]^{-1}=\left[\sum_{j\in\mathcal{N}_i(k)}\omega_{ij,k}\overline{\boldsymbol{P}}_{i,k}^{-1}+\sum_{j\in\mathcal{N}_i(k)}\Xi_{i,k}\right]^{-1}=\left[\check{\boldsymbol{P}}_{i,k}^{-1}+\sum_{j\in\mathcal{N}_i(k)}\Xi_{i,k}\right]^{-1}\tag{5.23}$$

$$\begin{aligned}\hat{x}_{i,k}^{(l)}&=(\hat{\boldsymbol{\Phi}}_{i,k})^{-1}\hat{\boldsymbol{\varphi}}_{i,k}^{(l)}=\hat{\boldsymbol{P}}_{i,k}\Big[\sum_{j\in\mathcal{N}_i(k)}\omega_{ij,k}\overline{\boldsymbol{P}}_{i,k}^{-1}\overline{x}_{i,k}^{(l)}+\sum_{j\in\mathcal{N}_i(k)}\zeta_{i,k}^{(l)}\Big]\\ &=\hat{\boldsymbol{P}}_{i,k}\Big[\check{\boldsymbol{P}}_{i,k}^{-1}\check{x}_{i,k}^{(l)}+\sum_{j\in\mathcal{N}_i(k)}\zeta_{i,k}^{(l)}\Big]\end{aligned}\tag{5.24}$$

综合式(5.20)~式(5.24)可以得到如下 DFIF - SIN 算法:

$$\left.\begin{aligned}
\overline{\boldsymbol{\varphi}}_{i,k}^{(l)} &\triangleq \overline{\boldsymbol{P}}_{i,k}^{-1}\overline{x}_{i,k}^{(l)} \\
\overline{\boldsymbol{\Phi}}_{i,k} &\triangleq \overline{\boldsymbol{P}}_{i,k}^{-1} \\
\zeta_{i,k}^{(l)} &= \boldsymbol{H}_{i,k}^{\mathrm{T}}\boldsymbol{R}_{i,k}^{-1}(y_{i,k}-\overline{y}_{i,k}^{(l)}+\boldsymbol{H}_{i,k}\overline{x}_{i,k}^{(l)}) \\
\Xi_{i,k} &= \boldsymbol{H}_{i,k}^{\mathrm{T}}\boldsymbol{R}_{i,k}\boldsymbol{H}_{i,k} \\
\hat{\boldsymbol{\varphi}}_{i,k}^{(l)} &= \sum_{j\in\mathcal{N}_i(k)}\omega_{ij,k}\overline{\boldsymbol{\varphi}}_{j,k}^{(l)}+\sum_{j\in\mathcal{N}_i(k)}\zeta_{i,k}^{(l)} \\
\hat{\boldsymbol{\Phi}}_{i,k} &= \sum_{j\in\mathcal{N}_i(k)}\omega_{ij,k}\overline{\boldsymbol{\Phi}}_{j,k}+\sum_{j\in\mathcal{N}_i(k)}\Xi_{i,k} \\
\hat{\boldsymbol{P}}_{i,k} &= (\hat{\boldsymbol{\Phi}}_{i,k})^{-1} \\
\hat{x}_{i,k}^{(l)} &= (\hat{\boldsymbol{\Phi}}_{i,k})^{-1}\hat{\boldsymbol{\varphi}}_{i,k}^{(l)}
\end{aligned}\right\}\tag{5.25}$$

注释 5.3：本章提出的 DFIF－SIN 算法适用于时变的拓扑结构，当通信拓扑$\mathcal{G}(k)$保持不变，且每个智能体都总能观测到目标时（即 $\boldsymbol{H}_{i,k}=H_{i,k}^{(0)}$，$\forall i\in\mathcal{V}$），DFIF－SIN 算法退化为固定拓扑条件下的分布式估计算法 DFIF。另外，相比第 4 章提出的 DFIF 算法中的一致性策略式(4.80)，DFIF－SIN 算法的一致性策略式(5.20)仅需智能体 i 与邻居节点[入集 $\mathcal{N}_{i,\mathrm{in}}(k)$ 和出集 $\mathcal{N}_{i,\mathrm{out}}(k)$]进行一次通信。在同样的通信拓扑且只进行一次通信的条件下，给定相同的先验估计集和包含邻域的局部不确定度，比较 DFIF 算法和 DFIF－SIN 算法的局部后验估计不确定度：

$$^{(\mathrm{DFIF})}\hat{\boldsymbol{P}}_{i,k}=[\check{\boldsymbol{P}}_{i,k}^{-1}+\sum_{j\in\mathcal{N}_i(k)}\omega_{ij,k}]^{-1}\tag{5.26}$$

$$^{(\mathrm{DFIF\text{-}SIN})}\hat{\boldsymbol{P}}_{i,k}=[\check{\boldsymbol{P}}_{i,k}^{-1}+\sum_{j\in\mathcal{N}_i(k)}\Xi_{i,k}]^{-1}\tag{5.27}$$

由于 $0\leqslant\omega_{ij,k}\leqslant1$ 始终成立，不难看出 $\sum_{j\in\mathcal{N}_i(k)}\Xi_{i,k}\geqslant\sum_{j\in\mathcal{N}_i}\omega_{ij,k}\Xi_{i,k}$，这意味着 $^{(\mathrm{DFIF})}\hat{\boldsymbol{P}}_{i,k}\geqslant{}^{(\mathrm{DFIF\text{-}SIN})}\hat{\boldsymbol{P}}_{i,k}$，也就是说，DFIF－SIN 算法的一致性策略式(5.20)得到的局部后验估计比 DFIF 算法中的一致性策略式(4.80) 得到的更可靠。

表 5.1 给出了 DFIF－SIN 算法在 k 时刻的主要步骤。显然，智能体 i 仅需与入集 $\mathcal{N}_{i,\mathrm{in}}(k)$ 和出集 $\mathcal{N}_{i,\mathrm{out}}(k)$ 进行一次通信，便能保证其得到稳定的估计，而不需要额外的系统和拓扑信息。也就是说，本节提出的 DFIF－SIN 算法是一种分布式的估计算法。

表 5.1 DFIF - SIN 算法在 k 时刻的主要步骤

在 k 时刻，获取局部预测估计集 $\{\bar{x}_{i,k}^{(l)},\bar{\boldsymbol{P}}_{i,k}\}$

模糊信息的传递：

(1)计算模糊信息向量 $\bar{\boldsymbol{\varphi}}_{i,k}^{(l)}$ 和不确定性信息矩阵 $\bar{\boldsymbol{\Phi}}_{i,k}^{(l)}$：

$$\bar{\boldsymbol{\varphi}}_{i,k}^{(l)} \triangleq \bar{\boldsymbol{P}}_{i,k}^{-1}\bar{x}_{i,k}^{(l)}, \quad \bar{\boldsymbol{\Phi}}_{i,k}^{(l)} \triangleq \bar{\boldsymbol{P}}_{i,k}^{-1}$$

(2)计算观测新息 $\zeta_{i,k}$ 和 $\Xi_{i,k}$：

$$\zeta_{i,k}^{(l)} = \boldsymbol{H}_{i,k}^{\mathrm{T}}\boldsymbol{R}_{i,k}^{-1}(y_{i,k}-\bar{y}_{i,k}^{(l)}+\boldsymbol{H}_{i,k}\bar{x}_{i,k}^{(l)})$$

$$\Xi_{i,k} = \boldsymbol{H}_{i,k}^{\mathrm{T}}\boldsymbol{R}_{i,k}\boldsymbol{H}_{i,k}$$

(3)将局部信息 $\bar{\boldsymbol{\varphi}}_{i,k}^{(l)}$、$\bar{\boldsymbol{\Phi}}_{i,k}^{(l)}$、$\bar{\zeta}_{i,k}^{(l)}$ 和 $\Xi_{i,k}$ 传递给出集节点 j，$\forall j\in \mathcal{N}_{i,\mathrm{out}}(k)$。

(4)从入集节点 j，$\forall j\in \mathcal{N}_{i,\mathrm{in}}(k)$ 接收信息 $\bar{\boldsymbol{\varphi}}_{j,k}^{(l)}$、$\bar{\boldsymbol{\Phi}}_{j,k}^{(l)}$、$\bar{\zeta}_{j,k}^{(l)}$ 和 $\Xi_{j,k}$。

局部后验估计集的更新：

(5)根据式(5.22)优化权重系数 $\{\omega_{ij,k}\}_{j\in \mathcal{N}_i(k)}$。

(6)一致性计算：

$$\hat{\boldsymbol{\varphi}}_{i,k} = \sum_{j\in \mathcal{N}_i(k)}\omega_{ij,k}\bar{\boldsymbol{\varphi}}_{j,k}^{(l)} + \sum_{j\in \mathcal{N}_i(k)}\zeta_{i,k}^{(l)}$$

$$\hat{\boldsymbol{\Phi}}_{i,k} = \sum_{j\in \mathcal{N}_i(k)}\omega_{ij,k}\bar{\boldsymbol{\Phi}}_{j,k}^{(l)} + \sum_{j\in \mathcal{N}_i(k)}\Xi_{i,k}^{(l)}$$

(7)更新局部状态估计和不确定度：

$$\hat{\boldsymbol{P}}_{i,k} = [\bar{\boldsymbol{\Phi}}_{i,k}]^{-1}, \quad \hat{x}_{i,k}^{(l)} = [\bar{\boldsymbol{\Phi}}_{i,k}]^{-1}\hat{\boldsymbol{\varphi}}_{i,k}^{(l)}$$

$$\mathbb{E}[\hat{x}_{i,k}] \sim \Pi(\hat{x}_{i,k}^{(1)};\hat{x}_{i,k}^{(2)};\hat{x}_{i,k}^{(3)};\hat{x}_{i,k}^{(4)})$$

$$\tilde{x}_{i,k} = \mathbb{C}[\hat{x}_{i,k}], \quad \mathbb{U}[\hat{x}_{i,k}] = \hat{\boldsymbol{P}}_{i,k}$$

局部预测更新：

(8)更新局部状态预测和相应的不确定度：

$$\hat{x}_{i,k+1|k}^{(l)} = \boldsymbol{F}_k\hat{x}_{i,k|k}^{(l)}$$

$$\boldsymbol{P}_{i,k+1|k} = \boldsymbol{F}_k\boldsymbol{P}_{i,k|k}\boldsymbol{F}_k^{\mathrm{T}}+\boldsymbol{Q}$$

5.4 算法分析

5.4.1 切换拓扑条件下的信息传递

为了研究在切换拓扑条件下的信息传递规律，本小节将重点讨论时变的通信拓扑图 $\mathcal{G}(\mathcal{V},\mathcal{E}(k))$ 以及时变的邻接矩阵 $\mathcal{A}(k)$ 的重要性质。根据 5.2 节对$\mathcal{A}(k)$的定义可知，通信拓扑图$\mathcal{G}(k)$的自边对应着$\mathcal{A}(k)$中的对角元素$a_{ij}(k)>0$，而图$\mathcal{G}(k)$的其他边所对应的邻接矩阵元素满足$a_{ij}(k)>0$，因此与任何图相关的邻接矩阵都是非负的，即$\mathcal{A}(k)\geqslant\mathbf{0}$。具体地，在$k$时刻，邻接矩阵$\mathcal{A}(k)$的任意元素$a_{ij}(k)$都可根据 DFIF - SIN 算法中的式(5.22)优化得到。据此不难发现，邻接矩阵中的非零元素存在一个公共正下界，即$a_{ij}(k)\geqslant\underline{a}_i>0,\forall j\in\mathcal{N}_i(k)$。针对非负的邻接矩阵，有如下两个重要的引理。

引理 5.1：假设矩阵$\boldsymbol{M}_1\geqslant\boldsymbol{M}_2\geqslant\mathbf{0}$，且$\boldsymbol{M}_3\geqslant\boldsymbol{M}_4\geqslant\mathbf{0}$，那么$\boldsymbol{M}_1\boldsymbol{M}_3\geqslant\boldsymbol{M}_2\boldsymbol{M}_4\geqslant\mathbf{0}$。

证明：对于矩阵$\boldsymbol{M}_1$、$\boldsymbol{M}_2$、$\boldsymbol{M}_3$、$\boldsymbol{M}_4$而言，其中第i行第j列元素必定满足$M_{1(i,j)}\geqslant M_{2(i,j)}\geqslant 0,M_{3(i,j)}\geqslant M_{4(i,j)}\geqslant 0$。而经过乘法运算后，$\boldsymbol{M}_1\boldsymbol{M}_3$第$i$行第$j$列元素可以表示为$\{\boldsymbol{M}_1\boldsymbol{M}_3\}_{(i,j)}=\sum\limits_{l}M_{1(i,l)}M_{3(l,j)}$，同理$\{\boldsymbol{M}_2\boldsymbol{M}_4\}_{i,j}=\sum\limits_{l}M_{2(i,l)}M_{4(l,j)}$，显然$\{\boldsymbol{M}_1\boldsymbol{M}_3\}_{(i,j)}=\sum\limits_{l}M_{1(i,l)}M_{3(l,j)}\geqslant\sum\limits_{l}M_{2(i,l)}M_{4(l,j)}=\{\boldsymbol{M}_2\boldsymbol{M}_4\}_{(i,j)}\geqslant 0$成立，即$\boldsymbol{M}_1\boldsymbol{M}_3\geqslant\boldsymbol{M}_2\boldsymbol{M}_4\geqslant\mathbf{0}$

证毕。

引理 5.2：令$p\geqslant 2$为有限整数，且$\boldsymbol{M}_1,\cdots,\boldsymbol{M}_p$为具有正对角项的非负方阵，那么存在非负常数$\gamma>0$以及$q$个整数序列$\{k_1,k_2,\cdots,k_q\}\subseteq\{1,2,\cdots,p\}$ $(q\leqslant p)$使得下式成立：

$$\mathfrak{M}_{1:p}\geqslant\gamma\,\mathfrak{M}_{k_1:k_q}\tag{5.28}$$

其中：$\mathfrak{M}_{1:p}\triangleq\boldsymbol{M}_1\boldsymbol{M}_2\cdots\boldsymbol{M}_p$，$\mathfrak{M}_{k_1:k_q}\triangleq\boldsymbol{M}_{k_1}\boldsymbol{M}_{k_2}\cdots M_{k_q}$且$1\leqslant k_1<\cdots<k_q<p$。特别地，若$q=p$，则$\gamma=1$；而当$q<p$时，$\gamma=\prod\limits_{j\in\mathcal{K}}\mu_j$，其中$\mathcal{K}\triangleq\{1,2,\cdots,p\}\backslash\{k_1,k_2,\cdots,k_q\}$且$\mu_j\triangleq\min\{\boldsymbol{M}_j\}_{(i,j)}$。

证明：当$q=p$时，取$k_1=1,k_2=2,\cdots,k_q=p$且$\gamma=1$，式(5.28)取等号显然成立。当$q=p$时，对于任意$j\in\mathcal{K}$的矩阵$\boldsymbol{M}_j$，都可以写作$\boldsymbol{M}_j=\mu_j I+\boldsymbol{M}'_j$，其中$\mu_j=\min\{\boldsymbol{M}_j\}_{(i,i)}$且$\boldsymbol{M}'_j\geqslant\mathbf{0}$。将$(\mu_j I+\boldsymbol{M}'_j)$代入$\mathfrak{M}_{1:p}$中可得

$$\begin{aligned}\mathfrak{M}_{1:p}&\triangleq\boldsymbol{M}_1\boldsymbol{M}_2\cdots\boldsymbol{M}_p\\&=(\mu_1 I+\boldsymbol{M}'_1)(\mu_2 I+\boldsymbol{M}'_2)\cdots(\mu_p I+\boldsymbol{M}'_p)\\&=\gamma(\boldsymbol{M}_{k_1}\boldsymbol{M}_{k_2}\cdots\boldsymbol{M}_{k_q})+C\\&\geqslant\gamma(\boldsymbol{M}_{k_1}\boldsymbol{M}_{k_2}\cdots\boldsymbol{M}_{k_q})\end{aligned}\tag{5.29}$$

其中：$\gamma=\prod\limits_{j\in\mathcal{K}}\mu_j$；$C$表示展开后所有其他交叉项的和。由于计$C$的每一项都是非负的，因此式(5.29) 中的不等式显然成立。

证毕。

进一步考虑拓扑结构在时刻片段$\mathcal{T}_{k_0}^{k_t}$内的切换，这里首先定义一个重要的概念，即时刻片段$\mathcal{T}_{k_0}^{k_t}$内的有序出现路径。

定义 5.3：令$\mathcal{B}\triangleq\{e_1,e_2,\cdots,e_p\}$，其中 $e_i\triangleq(j_{i-1},j_i)$，$\forall i=1,2,\cdots,p$ 表示一个有向路径。若在时刻片段$\mathcal{T}_{k_0}^{k_t}$存在时刻序列 $k_{l_1}<k_{l_2}<\cdots<k_{l_p}$ 使得 $e_i\in\mathcal{E}(k_{l_i})$，其中 $i=1,2,\cdots,p$，则称$\mathcal{B}$为有序出现路径。

根据定义 5.3 中给出的关于有序出现路径的定义，在某一时刻存在的任何边(包括自边)显然是在包含该时刻的时刻片段内的有序出现路径。为便于理解，下面给出一个简单的示例。

例 5.2：如图 5.2 所示，其中图 5.2(a)～(d)分别为 $k=1,2,3,4$ 时刻的有向通信拓扑$\mathcal{G}(1)$，$\mathcal{G}(2)$，$\mathcal{G}(3)$，$\mathcal{G}(4)$，而图 5.2(e)则表示在时刻片段$\mathcal{T}_1^4$内的通信拓扑并图$\mathcal{G}[\mathcal{T}_1^4]=\bigcup_{k=1}^{4}\mathcal{G}(k)$。不难发现，任意一个智能体到另一个智能体之间都存在一条有向路径，但并不一定存在一条有序出现路径。路径$\{(S_1,S_2),(S_2,S_3)\}$是时刻片段$\mathcal{T}_1^4$内的一条有序出现路径。相反，路径$\{(S_3,S_1),(S_1,S_2)\}$却不是有序出现路径，因为在时刻片段$\mathcal{T}_1^4$内，边$\{(S_3,S_1)\}$并未出现在边$\{(S_1,S_2)\}$之前。同样地，路径$\{(S_2,S_3),(S_3,S_1)\}$也不是一条有序出现路径，因为在时刻片段$\mathcal{T}_1^4$内，边$\{(S_2,S_3)\}$并未出现在边$\{(S_3,S_1)\}$之前。值得注意的是，路径$\{(S_1,S_2)\}$是时刻片段$\mathcal{T}_1^4$内的一条有序出现路径。

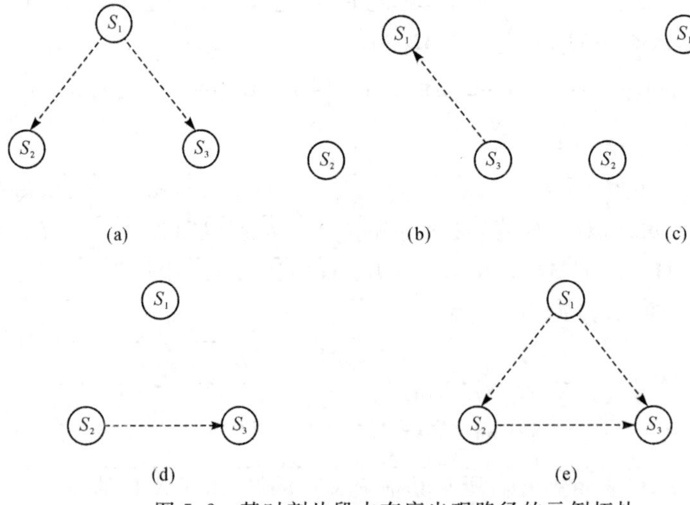

图 5.2　某时刻片段内有序出现路径的示例拓扑

(a)$k=1$ 时的拓扑$\mathcal{G}(1)$；(b)$k=2$ 时的拓扑$\mathcal{G}(2)$；(c)$k=3$ 时的拓扑$\mathcal{G}(3)$；(d)$k=4$ 时的拓扑$\mathcal{G}(4)$；(e)时刻片段$\mathcal{T}_1^4$内的拓扑并图$\mathcal{G}[\mathcal{T}_1^4]$

针对上述在时刻片段$\mathcal{T}_{k_0}^{k_t}$内的有序出现路径，下面给出一个关于有序出现路径的重要引理。

引理 5.3：在有限时刻片段$\mathcal{T}_{k_0}^{k_t}$内，令$\mathfrak{A}_{k_0}^{k_t}\triangleq\mathcal{A}(k_t)\mathcal{A}(k_t-1)\cdots\mathcal{A}(k_0+1)\mathcal{A}(k_0)$表示并图$\mathcal{G}[\mathcal{T}_{k_0}^{k_t}]$的邻接矩阵，那么当且仅当 j_0 与 j_p 在$\mathcal{T}_{k_0}^{k_t}$内存在一条有序出现路径时，$\{\mathfrak{A}_{k_0}^{k_t}\}_{(j_p,j_0)}>0$。

证明：充分性证明。令$\mathcal{B}\triangleq\{(j_0,j_1),\cdots,(j_{p-1},j_p)\}$是有限时刻片段$\mathcal{T}_{k_0}^{k_t}$内的一条有序出现路径。不失一般性，令 $k'_1<k'_2<\cdots<k'_p$是包含于时刻片段$\mathcal{T}_{k_0}^{k_t}$的 p 个时刻，使得对于每个时刻 k'_i存在一个边满足$(j_{i-1},j_i)\in\mathcal{E}(k'_i)$。根据引理 5.2 可知，$\mathfrak{A}_{k_0}^{k_t}=\mathcal{A}(k_1)\cdots\mathcal{A}(k_0)\geqslant\gamma\mathcal{A}(k'_p)\cdots\mathcal{A}(k'_1)$，其中 γ 的具体计算由引理 5.2 给出。因此，只需证明$\{\mathcal{A}(k'_p)\cdots\mathcal{A}(k'_1)\}_{(j_p,j_0)}>0$ 即可说明$\{\mathfrak{A}_{k_0}^{k_t}\}_{(j_p,j_0)}>0$。

对于任意的$i=1,2,\cdots,p$都存在一个边满足$(j_{i-1},j_i)\in\mathcal{E}(k'_i)$，也就是说$j_{j-1}\in\mathcal{N}_i(k'_i)$。根据前述假设可知，存在一个正下界使得$\{\mathcal{A}(k'_i)\}_{(j_{i-1},j_i)}\geqslant\underline{a}_{j_i}>0$。那么，基于每个矩阵的每个项都是非负的，可以得到

$$\begin{aligned}\{\mathcal{A}(k'_2)\,\mathcal{A}(k'_1)\}_{(j_2,j_0)}&=\sum_l\{\mathcal{A}(k'_2)\}_{(j_2,l)}\{\mathcal{A}(k'_1)\}_{(l,j_0)}\\&\geqslant\{\mathcal{A}(k'_2)\}_{(j_2,j_1)}\{\mathcal{A}(k'_1)\}_{(j_1,j_0)}\geqslant\underline{a}_{j_2}\,\underline{a}_{j_1}\end{aligned}\tag{5.30}$$

同理，可以得到

$$\begin{aligned}\{\mathcal{A}(k'_3)\,\mathcal{A}(k'_2)\,\mathcal{A}(k'_1)\}_{(j_3,j_0)}&=\sum_l\{\mathcal{A}(k'_3)\}_{(j_3,l)}\{\mathcal{A}(k'_2)\,\mathcal{A}(k'_1)\}_{(l,j_0)}\\&\geqslant\{\mathcal{A}(k'_3)\}_{(j_3,j_2)}\{\mathcal{A}(k'_2)\,\mathcal{A}(k'_1)\}_{(j_2,j_0)}\geqslant\underline{a}_{j_3}\,\underline{a}_{j_2}\,\underline{a}_{j_1}\end{aligned}\tag{5.31}$$

通过归纳法可以证明$\{\mathcal{A}(k'_p)\cdots\mathcal{A}(k'_1)\}_{(j_p,j_0)}\geqslant\prod_{i=1}^{p}\underline{a}_{j_i}>0$。

必要性证明。必要性证明可以分为两部分：第一部分说明并图$\mathcal{G}[\mathcal{T}_{k_0}^{k_t}]$中存在从 j_0 到 j_p 的有向路径的必要性，第二部分则说明该路径必须为有序出现路径。

(1)有向路径的必要性。令所有以 j_0 为起点的有向路径中所包含的节点为集合$\mathcal{O}\subseteq\mathcal{V}$，且令$\overline{\mathcal{O}}=\mathcal{V}\backslash\mathcal{O}$，那么对于任意时刻$k\in\mathcal{T}_{k_0}^{k_t}$，其邻接矩阵$\mathcal{A}(k)$都可写作如下形式：

$$\mathcal{A}(k)=\begin{bmatrix}\mathcal{A}(k)_{\mathcal{O}} & \mathcal{A}(k)_{\mathcal{O}\overline{\mathcal{O}}}\\ \mathbf{0} & \mathcal{A}(k)_{\overline{\mathcal{O}}}\end{bmatrix}\tag{5.32}$$

其中：$\mathbf{0}$ 表示在 $k\in\mathcal{T}_{k_0}^{k_t}$ 时刻，绝对不存在任何有向路径由节点集$\mathcal{O}$指向节点集$\overline{\mathcal{O}}$；$\mathcal{A}(k)_{\mathcal{O}\overline{\mathcal{O}}}$表示可能存在有向路径由节点集$\overline{\mathcal{O}}$指向节点集$\mathcal{O}$。进一步可以得到

$$\mathfrak{A}_{k_0}^{k_t}=\begin{bmatrix}\mathcal{A}(k_t)_{\overline{\mathcal{O}}}\cdots\mathcal{A}(k_0)_{\mathcal{O}} & \bigstar \\ \mathbf{0} & \mathcal{A}(k_t)_{\overline{\mathcal{O}}}\cdots\mathcal{A}(k_0)_{\overline{\mathcal{O}}}\end{bmatrix}\tag{5.33}$$

其中：“★”表示一个可以明确计算的非负矩阵，由于表述复杂且不影响证明过程，这里不具体写出其表达式。假设$\mathcal{G}[\mathcal{T}_{k_0}^{k_t}]$中不存在从 j_0 到 j_p 的有向路径，则 $j_p\in\overline{\mathcal{O}}$，通过式(5.33)容易得到$\{\mathfrak{A}_{k_0}^{k_t}\}_{(j_p,j_0)}=0$。假设不成立，即通过反证法说明了有向路径的必要性。

(2)有序出现路径的必要性。此部分证明在并图$\mathcal{G}[\mathcal{T}_{k_0}^{k_t}]$中存在从 j_0 到 j_p 的有向路径的前提下展开。下面采用反证法进行证明，首先给出如下假设。

假设 5.3：假设在时刻片段$\mathcal{T}_{k_0}^{k_t}$ 内从 j_0 到 j_p 之间不存在一条有序出现路径。

对于满足 $k_0<k_m\leqslant k_t$ 的时刻k_m，时刻 k_m 将$\mathcal{T}_{k_0}^{k_t}$ 分为$\mathcal{T}_{k_0}^{k_m-1}$ 和$\mathcal{T}_{k_m}^{k_t}$ 两部分。不难得到$\{\mathfrak{A}_{k_0}^{k_t}\}_{(j_p,j_0)}=\{\mathfrak{A}_{k_m}^{k_t}\ \mathfrak{A}_{k_0}^{k_m-1}\}_{(j_p,j_0)}=\sum\limits_{l}\{\mathfrak{A}_{k_m}^{k_t}\}_{(j_p,l)}\{\mathfrak{A}_{k_0}^{k_m-1}\}_{(l,j_0)}$。令时刻片段$\mathcal{T}_{k_0}^{k_m-1}$ 内所有以 j_0 为起点的有向路径中所包含的节点为集合$\mathcal{O}_1\subseteq\mathcal{V}$，且令$\overline{\mathcal{O}}_1=\mathcal{V}\backslash\mathcal{O}_1$，那么根据式(5.33)不难得到$\{\mathfrak{A}_{k_0}^{k_m-1}\}_{(\overline{\mathcal{O}}_1,j_0)}=0$。针对$\mathcal{O}_1$，本小节做出如下假设。

假设 5.4：假设在时刻片段$\mathcal{T}_{k_0}^{k_m-1}$内，从 j_0 到$\mathcal{O}_1$ 内任意节点都是有序出现路径。

根据充分性的证明可以得到$\{\mathfrak{A}_{k_0}^{k_m-1}\}_{(\mathcal{O}_1,j_0)}>0$。同理，令时刻片段$\mathcal{T}_{k_m}^{k_t}$ 内所有以 j_p 为终点的有向路径中所包含的节点为集合$\mathcal{O}_2\subseteq\mathcal{V}$，且令$\overline{\mathcal{O}}_2=\mathcal{V}\backslash\mathcal{O}_2$。那么根据式(5.33)不难得到$\{\mathfrak{A}_{k_m}^{k_t}\}_{(\overline{\mathcal{O}}_2,j_p)}=0$。针对$\mathcal{O}_2$，本小节做出如下假设。

假设 5.5：假设在时刻片段$\mathcal{T}_{k_m}^{k_t}$ 内，从$\mathcal{O}_2$ 内的每个节点到 j_p 都是有序出现路径。

根据充分性的证明可以得到$\{\mathfrak{A}_{k_m}^{k_t}\}_{(j_p,\mathcal{O}_2)}>0$。综合两个时刻片段可得

$$\begin{aligned}\{\mathfrak{A}_{k_0}^{k_t}\}_{(j_p,j_0)}&=\sum_{l\in\mathcal{V}}\{\mathcal{A}_{k_m}^{k_t}\}_{(j_p,l)}\{\mathcal{A}_{k_0}^{k_m-1}\}_{(l,j_0)}\\&=\sum_{l\in\mathcal{O}_1\cap\mathcal{O}_2}\{\mathcal{A}_{k_m}^{k_t}\}_{(j_p,l)}\{\mathcal{A}_{k_0}^{k_m-1}\}_{(l,j_0)}\end{aligned}\tag{5.34}$$

因此，当且仅当存在 $i\in\mathcal{O}_1\cap\mathcal{O}_2$ 使得$\{\mathfrak{A}_{k_m}^{k_t}\}_{(i,j_0)}>0$ 和$\{\mathfrak{A}_{k_m}^{k_t}\}_{(j_p,i)}>0$ 成立时，$\{\mathfrak{A}_{k_0}^{k_t}\}_{(j_p,j_0)}>0$ 成立。基于假设 5.4 和假设 5.5，并结合前述充分性条件，

存在 $i\in\mathcal{O}_1\cap\mathcal{O}_2$ 同时满足 $\{\mathfrak{A}_{k_m}^{k_t}\}_{(i,j_0)}>0$ 和 $\{\mathfrak{A}_{k_m}^{k_t}\}_{(j_p,i)}>0$，意味着在时刻片段 $\mathcal{T}_{k_0}^{k_m-1}$ 内存在一条从 j_0 到 i 的有序出现路径，且在时刻片段 $\mathcal{T}_{k_m}^{k_t}$ 内存在一条从 i 到 j_p 的有序出现路径。这和假设 5.3 冲突，因此在时刻片段 $\mathcal{T}_{k_0}^{k_t}$ 内从 j_0 到 j_p 之间不存在一条有序出现路径时，$\{\mathfrak{A}_{k_0}^{k_t}\}_{(j_p,j_0)}=0$。

若假设 5.4 不成立，即在时刻片段 $\mathcal{T}_{k_0}^{k_m-1}$ 内，$\mathcal{O}_1\subseteq\mathcal{V}$ 中存在一个节点 i_1' 使得不存在一条有序出现路径从 j_0 到 i_1'。针对时刻片段 $\mathcal{T}_{k_0}^{k_m-1}$ 内的点集 $\mathcal{O}_1$，时刻片段 $\mathcal{T}_{k_0}^{k_m-1}$ 可划分为 $\mathcal{T}_{k_0}^{k_{m'}-1}$、$\mathcal{T}_{k_{m'}}^{k_m-1}$，同理存在点集 $\mathcal{O}_1$ 的两个子集 $\mathcal{O}_{11}$、$\mathcal{O}_{12}$。这里的 k_m-1、$\mathcal{O}_1$、i_1' 可分别类比于前述的 k_t、$\mathcal{V}$、p，利用同样的方法可得到如下结论：在时刻片段 $\mathcal{T}_{k_0}^{k_m-1}$ 内从 j_0 到 i'_1 之间不存在一条有序出现路径时，$\{\mathfrak{A}_{k_0}^{k_m-1}\}=0$。假设 5.5 不成立时的分析同理可得，这里不再赘述。

当假设 5.4 和假设 5.5 对任何路径都不成立时，可以进一步划分时间段和点集区间，直到假设得到满足为止。

证毕。

注释 5.4：从直观的角度来看，引理 5.3 本质上说明了当通信拓扑图 $\mathcal{G}(k)$ 是时变的时，一个智能体 i 在有限长度的时刻片段 $\mathcal{T}_{k_0}^{k_t}$ 内受另一个智能体 j 影响的充要条件。除了一条从 j 到 i 的有向路径外，还突出显示了两个与传统时不变拓扑条件的区别：一方面，在有限的时刻片段 $\mathcal{T}_{k_0}^{k_t}$ 内，这样的路径不一定存在于每个时刻；另一方面，仅仅时刻片段上的并图 $\mathcal{G}[\mathcal{T}_{k_0}^{k_t}]$ 包含此有向路径是不够的。路径必须是在 $\mathcal{T}_{k_0}^{k_t}$ 内的有序出现路径，如下面的示例所示。

例 5.3：针对图 5.2 中的拓扑关系，在时刻片段 $\mathcal{T}_1^4$ 内，$k=1,2,3,4$ 时刻的有向通信拓扑分别由 $\mathcal{G}(1)$，$\mathcal{G}(2)$，$\mathcal{G}(3)$，$\mathcal{G}(4)$ 表示，定义各个时刻的邻接矩阵为 $\mathcal{A}(1)$，$\mathcal{A}(2)$，$\mathcal{A}(3)$，$\mathcal{A}(4)$。那么，时刻片段 $\mathcal{T}_1^4$ 内的邻接矩阵 $\mathfrak{A}_1^4$ 可以表示为

$$\mathfrak{A}_1^4=\mathcal{A}(1)\,\mathcal{A}(2)\,\mathcal{A}(3)\,\mathcal{A}(4)=\begin{bmatrix} * & & \\ & * & \\ & * & * \end{bmatrix}\begin{bmatrix} * & & \\ & * & \\ & & * \end{bmatrix}$$

$$\begin{bmatrix} * & & * \\ & * & \\ & & * \end{bmatrix}\begin{bmatrix} * & & * \\ * & * & \\ & & * \end{bmatrix}=\begin{bmatrix} * & & * \\ * & * & \\ * & * & * \end{bmatrix} \tag{5.35}$$

其中："$*$"表示正数项。例 5.2 中已经说明，在时刻片段 $\mathcal{T}_1^4$ 内存在一条从 1 到 3 的有序出现路径，因此 $\{\mathfrak{A}_1^4\}_{(3,1)}>0$。同样地，在时刻片段 $\mathcal{T}_1^4$ 内存在一条

从 1 到 2 的有序出现路径，因此$\{\mathfrak{A}_1^4\}_{(2,1)}>0$。然而，在时刻片段$\mathcal{T}_1^4$内不存在一条从 3 到 2 的有序出现路径，因此$\{\mathfrak{A}_1^4\}_{(2,3)}=0$。

本小节针对有限时刻片段$\mathcal{T}_{k_0}^{k_t}$，对并图$\mathcal{G}[\mathcal{T}_{k_0}^{k_t}]$的邻接矩阵$\mathfrak{A}_{k_0}^{k_t}$进行了深入分析，$\mathfrak{A}_{k_0}^{k_t}$可以充分反映出该时刻片段内信息在网络结构中的传递情况。当$\{\mathfrak{A}_{k_0}^{k_t}\}_{(i,j)}>0$时，表明在该时刻片段内智能体$j$的信息可经由通信链路传递给智能体$i$，即使该时刻片段内某些时刻点的通信图并不连通，也不会对信息的交互效果造成恶劣影响。这是算法实现一致性估计的重要条件。在此基础上，下面对 DFIF－SIN 算法的稳定性进行具体分析。

5.4.2 DFIF－SIN 算法的稳定性分析

经过对并图$\mathcal{G}[\mathcal{T}_{k_0}^{k_t}]$的邻接矩阵$\mathcal{A}_{k_0}^{k_t}$的性质的分析，针对时变的通信拓扑和观测拓扑网络结构，本小节给出了更宽松的可观性假设如下。本小节基于该假设将 DFIF－SIN 算法的稳定性分析分解为估计一致性和估计误差有界性两个主要问题分别研究。

假设 5.6：假设在时刻片段$\mathcal{T}_{k_0}^{k_t}$内系统联合可观，即矩阵$\boldsymbol{O}[k_0,k_1]\triangleq \mathrm{col}\{\mathcal{H}_k\mathfrak{F}_{k_0}^{k_t}\}_{k\in\mathcal{T}_{k_0}^{k_t}}$为满秩矩阵，其中$\mathcal{H}_k\triangleq\mathrm{col}\{\boldsymbol{H}_{1,k},\boldsymbol{H}_{2,k},\cdots,\boldsymbol{H}_{N,k}\}$，且$\mathfrak{F}_{k_0}^{k_t}\triangleq \boldsymbol{F}_{k_t}\boldsymbol{F}_{k_t-1}\cdots\boldsymbol{F}_{k_0+1}\boldsymbol{F}_{k_0}$。

(1)DFIF－SIN 算法的一致性。在分析算法稳定性前，首先给出部分重要符号的定义：第i个智能体在k时刻对状态x_k的预测估计集和后验估计集分别记作$\{\bar{x}_{i,k}^{(l)},\bar{\boldsymbol{P}}_{i,k}\}$和$\{\hat{x}_{i,k}^{(l)},\hat{\boldsymbol{P}}_{i,k}\}$，相应的预测误差和后验估计误差分别定义为$\bar{\boldsymbol{\eta}}_{i,k}\triangleq\mathbb{C}[\bar{x}_{i,k}]-x_k$和$\hat{\boldsymbol{\eta}}_{i,k}\triangleq\mathbb{C}[\hat{x}_{i,k}]-x_k$（其中$x_k$是未知的真实状态），相应的真实不确定度分别定义为$\tilde{\bar{\boldsymbol{P}}}_{i,k}\triangleq\mathbb{C}[\bar{\boldsymbol{\eta}}_{i,k}\bar{\boldsymbol{\eta}}_{i,k}^{\mathrm{T}}]$和$\tilde{\hat{\boldsymbol{P}}}_{i,k}\triangleq\mathbb{C}[\hat{\boldsymbol{\eta}}_{i,k}\hat{\boldsymbol{\eta}}_{i,k}^{\mathrm{T}}]$。

根据第 4 章的定义 4.7，一致性相当于要求所估计的不确定度矩阵是真实不确定度矩阵的上界（在正定意义上）。和第 4 章类似，本节提出的 DFIF－SIN 算法的一致性的证明也基于如下假设。

假设 5.7：假设起始时刻所有智能体的预测估计集$\{\bar{x}_{i,1}^{(l)},\bar{\boldsymbol{P}}_{i,1}\},i\in\mathcal{V}$是一致估计，即$\bar{\boldsymbol{P}}_{i,1}\geqslant\mathbb{C}[\bar{\boldsymbol{\eta}}_{i,1},\bar{\boldsymbol{\eta}}_{i,1}^{\mathrm{T}}],\forall i\in\mathcal{V}$。

在实际应用中，状态的先验知识不难离线获得，因此假设 5.7 通常极易满足。即便最糟糕的情形下无法获得该先验信息，可令$\bar{\boldsymbol{P}}_{i,1}^{-1}=\mathbf{0}$，依然满足假设 5.7，同时，这意味着初始时刻的局部预测估计有着无限的不确定性。算法的一致性定理如下。

定理 5.1：(DFIF－SIN 算法的一致性)在假设 5.1、假设 5.2、假设 5.6 和假设 5.7 都满足的前提下，DFIF－SIN 算法在任意时刻 $\forall k \in \mathbb{Z}^{+}$ 获得的估计集可保持一致性，即 $\overline{\boldsymbol{P}}_{i,k} \geqslant \overline{\widetilde{\boldsymbol{P}}}_{i,k}$ 且 $\hat{\boldsymbol{P}}_{i,k} \geqslant \widetilde{\hat{\boldsymbol{P}}}_{i,k}$。

证明：采用归纳法对上述定理进行证明。当 $k=1$ 时，在假设 5.7 满足的条件下，$\overline{\boldsymbol{P}}_{i,1} \geqslant \overline{\widetilde{\boldsymbol{P}}}_{i,1}$ 成立。第 4 章给出的融合定理 4.1 表明，该时刻的后验估计集是一致的，即 $\hat{\boldsymbol{P}}_{i,1} \geqslant \widetilde{\hat{\boldsymbol{P}}}_{i,1}$。接下来，假设当 $k=k' \in \mathbb{Z}^{+}$ 时，预测估计集和后验估计集是一致的，即 $\overline{\boldsymbol{P}}_{i,k} \geqslant \overline{\widetilde{\boldsymbol{P}}}_{i,k}$ 且 $\hat{\boldsymbol{P}}_{i,k} \geqslant \widetilde{\hat{\boldsymbol{P}}}_{i,k}$。只需证明当 $k=k'+1$ 时各估计集仍保持一致性，预测估计集的真实不确定度可分解为

$$
\begin{aligned}
\overline{\widetilde{\boldsymbol{P}}}_{i,k'+1} &= \mathbb{C}[\overline{\boldsymbol{\eta}}_{i,k'}\overline{\boldsymbol{\eta}}_{i,k'}^{\mathrm{T}}] \\
&= \mathbb{C}[\{\boldsymbol{F}_{k'}\hat{x}_{i,k'} - (\boldsymbol{F}_{k'}x_{k'} + \boldsymbol{w}_{k'})\}\{\boldsymbol{F}_{k'}\hat{x}_{i,k'} - (\boldsymbol{F}_{k'}x_{k'} + \boldsymbol{w}_{k'})\}^{\mathrm{T}}] \\
&= \mathbb{C}[(\boldsymbol{F}_{k'}\hat{\boldsymbol{\eta}}_{i,k'} - \boldsymbol{w}_{k'})(\boldsymbol{F}_{k'}\hat{\boldsymbol{\eta}}_{i,k'} - \boldsymbol{w}_{k'})^{\mathrm{T}}] \\
&= \boldsymbol{F}_{k'}\widetilde{\hat{\boldsymbol{P}}}_{i,k'}\boldsymbol{F}_{k'}^{\mathrm{T}} + \widetilde{\boldsymbol{Q}} + \boldsymbol{\Omega} + \boldsymbol{\Omega}^{\mathrm{T}}
\end{aligned} \tag{5.36}
$$

其中：$\boldsymbol{\Omega}=\boldsymbol{F}_{k'}\mathbb{C}[\hat{\boldsymbol{\eta}}_{i,k'}\boldsymbol{w}_{k'}^{\mathrm{T}}]$。由于 $\hat{\boldsymbol{\eta}}_{i,k'}$ 是 x_0，$\{w_0, w_1, \cdots, w_{k'-1}\}$ 和 $\{v_0, v_1, \cdots, v_{k'-1}\}$ 的线性组合，基于假设 5.2 可知这些量与 $\boldsymbol{w}_{k'}$ 相互独立，因此 $\mathbb{C}[\hat{\boldsymbol{\eta}}_{i,k'}\boldsymbol{w}_{k'}^{\mathrm{T}}]=0$。显然，也就意味着 $\boldsymbol{\Omega}=0$ 成立。另外，结合假设 5.1，$\boldsymbol{Q} \geqslant \widetilde{\boldsymbol{Q}}$ 以及前述 $k=k'$ 时的假设 $\hat{\boldsymbol{P}}_{i,k'} \geqslant \widetilde{\hat{\boldsymbol{P}}}_{i,k'}$，不难得到

$$
\overline{\boldsymbol{P}}_{i,k'+1} = \boldsymbol{F}_{k'}\hat{\boldsymbol{P}}_{i,k'}\boldsymbol{F}_{k'}^{\mathrm{T}} + \boldsymbol{Q} \geqslant \boldsymbol{F}_{k'}\widetilde{\hat{\boldsymbol{P}}}_{i,k'}\boldsymbol{F}_{k'}^{\mathrm{T}} + \widetilde{\boldsymbol{Q}} = \overline{\widetilde{\boldsymbol{P}}}_{i,k'+1} \tag{5.37}
$$

由于后验估计集是预测估计集的线性组合，根据第 4 章给出的模糊估计集的一致融合定理 4.2 可知，当预测估计集是一致的时，其后验估计集也是一致的，即 $\hat{\boldsymbol{P}}_{i,k'+1} \geqslant \widetilde{\hat{\boldsymbol{P}}}_{i,k'+1}$。

证毕。

(2)DFIF－SIN 算法估计不确定度的有界性。一般而言，分布式状态估计算法的另一个重要性质是估计误差的均方有界性，即估计误差方差矩阵存在一个确定的上界(在正定意义上)。本小节重点研究了 DFIF－SIN 算法的估计不确定度上界(在正定意义上)的存在性，并得到如下重要定理。

定理 5.2：(DFIF－SIN 算法的估计不确定度的有界性)在假设 5.1、假设 5.2、假设 5.6 和假设 5.7 都满足的前提下，对于切换拓扑条件下网络中任意智能体 $\forall i \in \mathcal{V}$ 在 $k \in \mathbb{Z}^{+}$ 时刻的估计不确定度 $\hat{\boldsymbol{P}}_{i,k}$，都存在一个有限上界 $0 < \breve{\boldsymbol{P}}_i < \infty$ 和有限时间 $\bar{k} \in \mathbb{Z}^{+}$，使得对于任意 $\forall k \geqslant \bar{k}$ 时刻的估计不确定度都满

足 $\hat{\boldsymbol{P}}_{i,k} \leqslant \breve{\boldsymbol{P}}_i$。因此,估计误差是均方渐近有界的,即

$$\limsup_{k\to\infty} \mathbb{C}[(\hat{x}_{i,k}-x_{i,k})^{\mathrm{T}}(\hat{x}_{i,k}-x_{i,k})] \leqslant \breve{\boldsymbol{P}}_i \tag{5.38}$$

证明:在开始证明定理 5.2 之前,首先给出以下符号的定义:定义 $\mathcal{P}_{j,k} \triangleq \boldsymbol{F}_k \hat{\boldsymbol{P}}_{j,k} \boldsymbol{F}_k^{\mathrm{T}}$,$\Xi_{j,k} \triangleq \boldsymbol{H}_{j,k}^{\mathrm{T}} \boldsymbol{R}_{j,k} \boldsymbol{H}_{j,k}$,$\forall j \in \mathcal{V}$ 且 $k \in \mathbb{Z}^+$ 表示 k 时刻的邻接矩阵,其元素表示为 $\{\mathcal{A}(k)\}_{(i,j)} = a_{ij,k}(i,j \in \mathcal{V})$,$a_{ij,k}$ 的取值取决于通信拓扑的连接关系,若 $j \in \mathcal{N}_i(k)$,则采用式(5.22)优化得到的权重系数对 $a_{ij,k}$ 进行赋值,$a_{ij,k} = \omega_{ij,k}$,否则 $a_{ij,k}=0$。进一步,并图 $\mathcal{G}[\mathcal{T}_{k_0}^{k_t}]$ 邻接矩阵 $\mathfrak{A}_{k_0}^{k_t}$ 的元素可根据 $\mathfrak{A}_{k_0}^{k_t} \triangleq \mathcal{A}(k_t)\mathcal{A}(k_t-1)\cdots\mathcal{A}(k_0+1)\mathcal{A}(k_0)$ 计算得到。

定理 5.1 已经表明,任意时刻 $k \in \mathbb{Z}^+$ 的估计不确定度都满足 $\hat{\boldsymbol{P}}_{i,k} \geqslant \widetilde{\boldsymbol{P}}_{i,k} > 0$。由于 $\boldsymbol{Q} > \boldsymbol{0}$,结合第 4 章提到的引理 4.2 可知,存在一个实数 $\gamma \in (0,1]$,使得对所有的 $\forall j \in \mathcal{V}$ 和 $k \in \mathbb{Z}^+$,总能保证不等式 $(\mathcal{P}_{j,k}+\boldsymbol{Q})^{-1} \geqslant \gamma_k \mathcal{P}_{j,k}^{-1}$ 成立。由于 $\Xi_{j,k} \geqslant \boldsymbol{0}$(当且仅当智能体 j 在 k 时刻不能观测到目标时等号成立),结合式(5.20)~式(5.24)不难得到如下推导:

$$\begin{aligned}
\hat{\boldsymbol{P}}_{i,k}^{-1} &= \sum_{j\in\mathcal{V}} \omega_{ij,k} \overline{\boldsymbol{P}}_{j,k}^{-1} + \sum_{j\in\mathcal{N}_i(k)} \boldsymbol{H}_{j,k}^{\mathrm{T}} \boldsymbol{R}_{j,k} \boldsymbol{H}_{j,k} \\
&= \sum_{j\in\mathcal{V}} \omega_{ij,k} (\boldsymbol{F}_{k-1} \hat{\boldsymbol{P}}_{j,k-1} \boldsymbol{F}_{k-1}^{\mathrm{T}} + \boldsymbol{Q})^{-1} + \sum_{j\in\mathcal{N}_i(k)} \Xi_{j,k} \\
&= \sum_{j\in\mathcal{V}} \omega_{ij,k} (\mathcal{P}_{j,k-1} + \boldsymbol{Q})^{-1} + \sum_{j\in\mathcal{N}_i(k)} \Xi_{j,k} \\
&\geqslant \sum_{j\in\mathcal{V}} \omega_{ij,k} \beta_k \, \mathcal{P}_{j,k-1}^{-1} + \sum_{j\in\mathcal{N}_i(k)} \Xi_{j,k}
\end{aligned} \tag{5.39}$$

其中:$\beta_k \in (0,1]$。值得注意的是

$$\begin{aligned}
\mathcal{P}_{j,k-1}^{-1} &= \boldsymbol{F}_{k-1}^{-\mathrm{T}} \hat{\boldsymbol{P}}_{j,k-1} \boldsymbol{F}_{k-1}^{-1} \\
&= \boldsymbol{F}_{k-1}^{-\mathrm{T}} \Big(\sum_{m\in\mathcal{V}} \omega_{jm,k-1} \overline{\boldsymbol{P}}_{m,k-1} + \sum_{m\in\mathcal{N}_j(k-1)} \Xi_{m,k-1} \Big) \boldsymbol{F}_{k-1}^{-1} \\
&= \boldsymbol{F}_{k-1}^{-\mathrm{T}} \Big[\sum_{m\in\mathcal{V}} \omega_{jm,k-1} (\boldsymbol{F}_{k-2} \hat{\boldsymbol{P}}_{m,k-2} \boldsymbol{F}_{k-2}^{\mathrm{T}} + \boldsymbol{Q})^{-1} + \sum_{m\in\mathcal{N}_j(k-1)} \Xi_{m,k-1} \Big] \boldsymbol{F}_{k-1}^{-1} \\
&= \boldsymbol{F}_{k-1}^{-\mathrm{T}} \Big[\sum_{m\in\mathcal{V}} \omega_{jm,k-1} (\mathcal{P}_{m,k-2} + \boldsymbol{Q})^{-1} + \sum_{m\in\mathcal{N}_j(k-1)} \Xi_{m,k-1} \Big] \boldsymbol{F}_{k-1}^{-1} \\
&\geqslant \sum_{m\in\mathcal{V}} \omega_{jm,k-1} \beta_{k-1} \boldsymbol{F}_{k-1}^{-\mathrm{T}} \, \mathcal{P}_{m,k-2}^{-1} F_{k-1}^{-1} + \sum_{m\in\mathcal{V}} \omega_{jm,k-1} \Xi_{m,k-1} \boldsymbol{F}_{k-1}^{-1}
\end{aligned} \tag{5.40}$$

其中：$\beta_{k-1}\in(0,1]$。对于任意的 $k\geqslant\tau$，定义 $B_{\tau}^{k}\triangleq\prod_{i=\tau}^{k}\beta_i$。将式(5.40)代入式(5.39)后，采用式(5.23)和引理 4.2 递归计算，可得

$$\hat{\boldsymbol{P}}_{i,k}^{-1}\geqslant B_{k-\bar{k}}^{k}\Big[\sum_{j\in\mathcal{V}}\{\mathfrak{A}_{k-\bar{k}}^{k}\}_{(i,j)}(\mathfrak{F}_{k-\bar{k}-1}^{k-1})^{-\mathrm{T}}\hat{\boldsymbol{P}}_{j,k-\bar{k}-1}^{-1}(\mathfrak{F}_{k-\bar{k}-1}^{k-1})^{-1}\Big]+$$
$$\sum_{\tau=1}^{\bar{k}}\big[B_{k-\tau+1}^{k}(\mathfrak{F}_{k-\tau}^{k-1})^{-\mathrm{T}}(\sum_{j\in\mathcal{V}}\{\mathfrak{A}\}_{k-\tau+1(i,j)}^{k}\varXi_{j,k-\tau})(\mathfrak{F}_{k-\tau}^{k-1})^{-1}\big]+$$
$$\sum_{j\in\mathcal{N}_i(k)}\omega_{ij,k}\varXi_{j,k}\tag{5.41}$$

此后，定义下式便完成了对定理 5.2 的证明：

$$\breve{\boldsymbol{P}}_{i}^{-1}+\sum_{\tau=1}^{\bar{k}}\Big[B_{k-\tau+1}^{k}(\mathfrak{F}_{k-\tau}^{k-1})^{-1}\Big(\sum_{j\in\mathcal{V}}\{\mathfrak{A}\}_{k-\tau+1(i,j)}^{k}\varXi_{j,k-\tau}\Big)(\mathfrak{F}_{k-\tau}^{k-1})^{-1}\Big]\tag{5.42}$$

根据引理 5.3 可知，在时刻片段$\mathcal{T}_{k-\bar{k}+1}^{k}$内存在一条从智能体 j 到智能体 i 的有序出现路径，对于大于确定常数 τ_m 的任意时刻，便能保证$\{\mathfrak{A}_{k-\tau+1}^{k}\}_{(i,j)}>0$，即由式(5.42)定义的矩阵 $\breve{\boldsymbol{P}}_{i}^{-1}$ 总能保证是正定的，即

$$\hat{\boldsymbol{P}}_{i,k}^{-1}\geqslant\breve{\boldsymbol{P}}_{i}^{-1}>0,\quad\forall k\geqslant\bar{k}\geqslant\tau_m+n\tag{5.43}$$

式(5.43)意味着，对于 $\forall k\geqslant\bar{k}$，$\hat{\boldsymbol{P}}_{i,k}\leqslant\breve{\boldsymbol{P}}_i$ 成立。

证毕。

5.5　仿真验证

本节用一个目标跟踪问题来验证所提出的 DFIF - SIN 算法的有效性。假定目标在二维平面中以恒定速度移动，目标动力学可以用匀速模型来建模，该模型在目标跟踪问题中得到了广泛的应用[147]，即

$$x_{k+1}=\boldsymbol{F}_{cv}\boldsymbol{x}_k+\boldsymbol{G}_{cv}w_k\tag{5.44}$$

其中：$\boldsymbol{x}_k=[p_{x,k}\quad v_{x,k}\quad p_{y,k}\quad v_{y,k}]^{\mathrm{T}}$ 为状态向量，$p_{x,k}$和 $v_{x,k}$分别代表沿 x 轴方向的位置和速度，$p_{y,k}$和 $v_{y,k}$分别代表沿 y 轴方向的位置和速度；矩阵 $\boldsymbol{F}_{cv}$和 $\boldsymbol{G}_{cv}$的定义和参考文献[147]一致，如下所示：

$$\boldsymbol{F}_{cv}=\begin{bmatrix}1&T&0&0\\0&1&0&0\\0&0&1&T\\0&0&0&1\end{bmatrix},\quad\boldsymbol{G}_{cv}=\begin{bmatrix}\frac{T^2}{2}&0\\T&0\\0&\frac{T_2}{2}\\0&T\end{bmatrix}\tag{5.45}$$

其中：T 表示采样时间。此外，假设智能体网络可获得目标的量测信息，具体而言，智能体 $i(i=1,2,\cdots,N,N=6)$ 的量测方程可以描述为

$$y_{i,k}=b_i(k)\boldsymbol{H}_{i,k}^{(0)}\boldsymbol{x}_k+v_{i,k}=\boldsymbol{H}_{i,k}\boldsymbol{x}_k+v_{i,k} \tag{5.46}$$

在本仿真中，令 $\boldsymbol{H}_{1,k}^{(0)}=\boldsymbol{H}_{2,k}^{(0)}=\begin{bmatrix}1&0&0&0\\0&0&0&1\end{bmatrix}$，$\boldsymbol{H}_{3,k}^{(0)}=\boldsymbol{H}_{4,k}^{(0)}=\begin{bmatrix}0&0&0&0\\0&1&0&0\end{bmatrix}$，$\boldsymbol{H}_{5,k}^{(0)}=\boldsymbol{H}_{6,k}^{(0)}=\begin{bmatrix}0&0&1&0\\0&0&0&1\end{bmatrix}$。过程噪声 w_k 和量测噪声 $v_{i,k}$ 被建模为如图 5.3 和图 5.4 所示的梯形可能性分布。

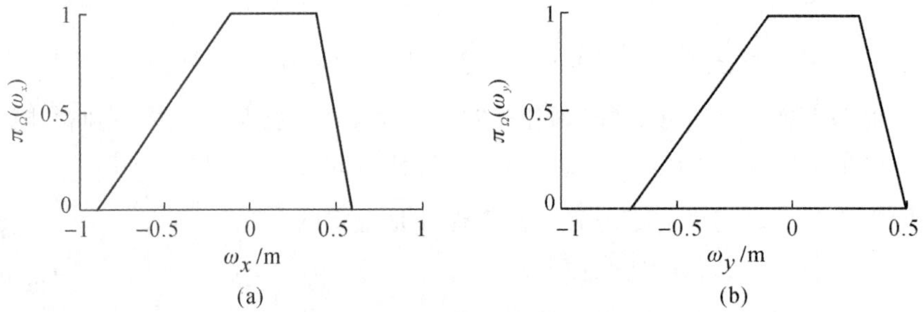

图 5.3 过程噪声 w_k 的可能性分布

(a) $w_{x,k}$ 的可能性分布；(b) $w_{y,k}$ 的可能性分布

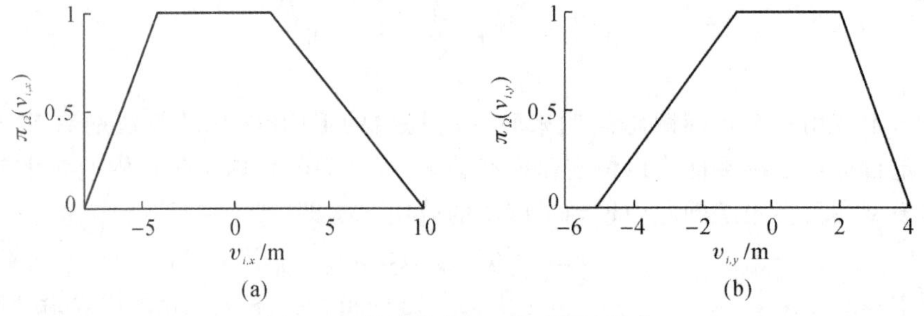

图 5.4 量测噪声 $v_{i,k}$ 的可能性分布

(a) $v_{x,k}$ 的可能性分布；(b) $v_{y,k}$ 的可能性分布

目标轨迹由动力学方程式(5.44)生成，采样时间设为 $T=0.1$ s，目标初始状态设为 $\boldsymbol{x}_0=[-140\text{ m}\quad 20\text{ m/s}\quad 0\text{ m}\quad 20\text{ m/s}]^{\mathrm{T}}$，仿真总时长为 $T_f=5$ s。由于智能体无法精确获得目标的初始状态信息，因此将各智能体内滤波器的初始状态设置为 $x_{i,0}=\boldsymbol{x}_0+\Delta\boldsymbol{x}_{i,k}$（其中 $\Delta\boldsymbol{x}_{i,0}=[\Delta p_{x_i,0}\quad \Delta v_{x_i,0}\quad \Delta p_{y_i,0}\quad \Delta v_{y_i,0}]^{\mathrm{T}}$ 表示初始误差)，并将初始误差分量建模为图 5.5 所示的梯形可能性

分布。滤波器的初始输入设置为 $\overline{x}_{i,0}=\boldsymbol{x}_0+\mathbb{C}[\Delta\boldsymbol{x}_{i,0}]$ 和 $\overline{P}_{i,0}=\mathbb{U}[\Delta\boldsymbol{x}_{i,0}]$。

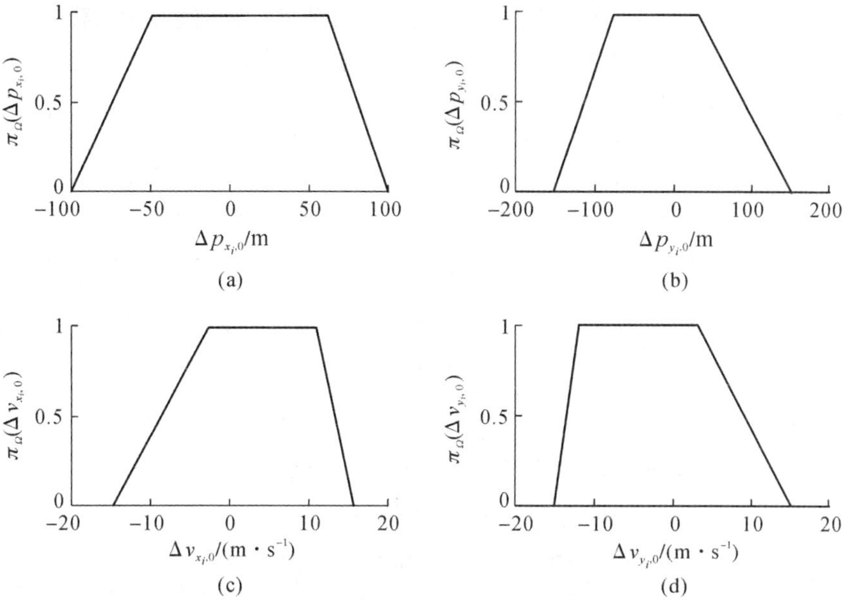

图 5.5　初始位置误差和速度误差的可能性分布

(a) $\Delta p_{x_i,0}$ 的可能性分布；(b) $\Delta p_{y_i,0}$ 的可能性分布；(c) $\Delta v_{x_i,0}$ 的可能性分布；(d) $\Delta v_{y_i,0}$ 的可能性分布

本章考虑一种比第 4 章更糟糕的通信拓扑，假设在不受外界因素影响的情况下，智能体之间稳定的通信拓扑示意图如图 5.6 所示。

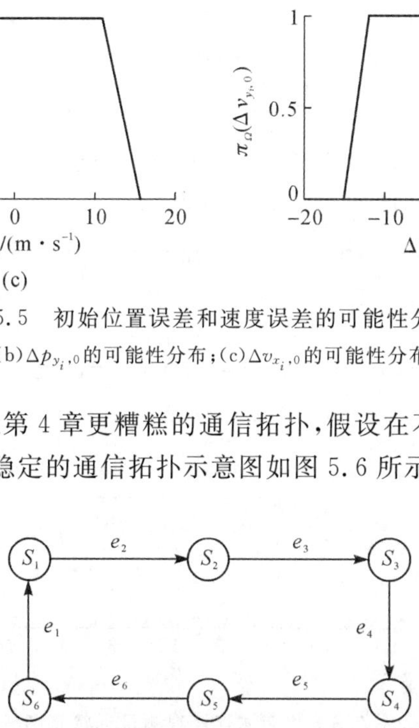

图 5.6　智能体之间稳定的通信拓扑示意图

受环境不确定因素的影响，智能体之间的通信链并不能保证每时每刻皆连通，且智能体 i 也难以保证每时每刻都能直接观测到目标。这里将环境的不确定性影响表示为随机概率的形式，即 $P_r(e_{i,k}\in\mathcal{E})=0.3$ 且 $P_r(b_i(k)=0)=0.7$。$b_i(k)=0$ 表示智能体 i 在 k 时刻无法直接观测到目标，那么其量测矩阵满足 $\boldsymbol{H}_{i,k}=0$，且量测值 $y_{i,k}=v_{i,k}$。不难发现，这里构造了一个在任何时刻都

具有极弱连通性和较差全局联合可观测性的通信拓扑图。

在图 5.7 和图 5.8 中分别生成并绘制了每条通信链路是否连通以及每个智能体是否能直接观测到目标的情况，图中的方块表示在相应的位置上处于正状态(通信链路连通、可直接观测到目标)。

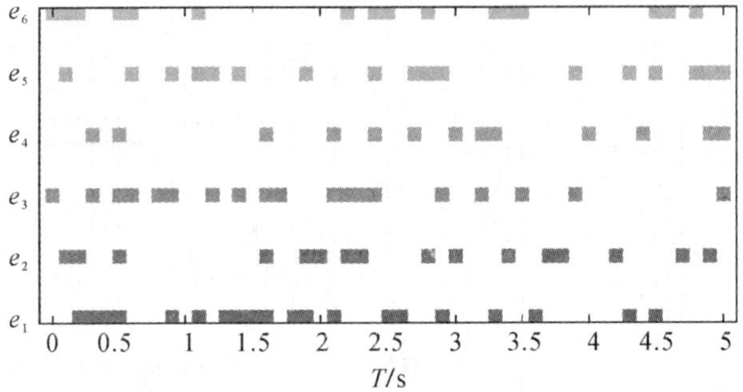

图 5.7　通信链路连通状态图

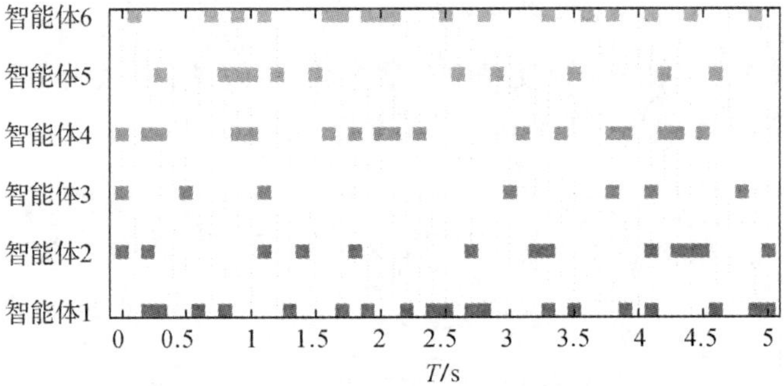

图 5.8　智能体直接观测目标状态图

从图 5.7 和图 5.8 中可以看出，当 $k=0.4$ s，3.7 s，4.0 s，4.7 s 时，6 个智能体全都不能直接观测到目标。此外，当 $k=0.7$ s，1.0 s，3.1 s，4.1 s 时，所有通信链路皆断开，各智能体既不接收其他智能体的信息，也不向其他智能体发送信息。但是，根据本章对时间段$\mathcal{T}$内有序出现路径和联合可观性的定义可知，在整个仿真时段$\mathcal{T}_0^{T_f}$ 内，智能体之间的通信拓扑并图$\mathcal{G}[\mathcal{T}_0^{T_f}](\mathcal{V},\mathcal{E})$是连通的，且在该时间段内系统满足联合可观性假设 5.6。

基于上述初始化条件随机生成一条目标的轨迹。图 5.9 给出了每个智能体对目标的估计轨迹。通过对比固定拓扑条件下的 DFIF－SIN 算法（见图 5.10）与切换拓扑条件下的 DFIF－SIN 算法的跟踪结果（见图 5.11），不难发现，针对拓扑结构的不确定性，本章提出的 DFIF－SIN 算法仍能实现对目标的稳定跟踪，但不可否认的是，固定拓扑条件下各智能体的估计轨迹的确更接近真实轨迹。换而言之，即便 DFIF－SIN 算法能稳定地跟踪目标，拓扑结构的不确定性仍不可避免地导致了估计算法的估计精度下降。

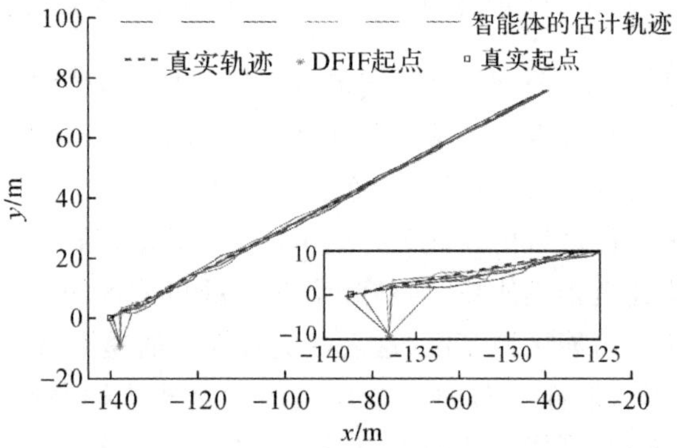

图 5.9　各个智能体的估计轨迹

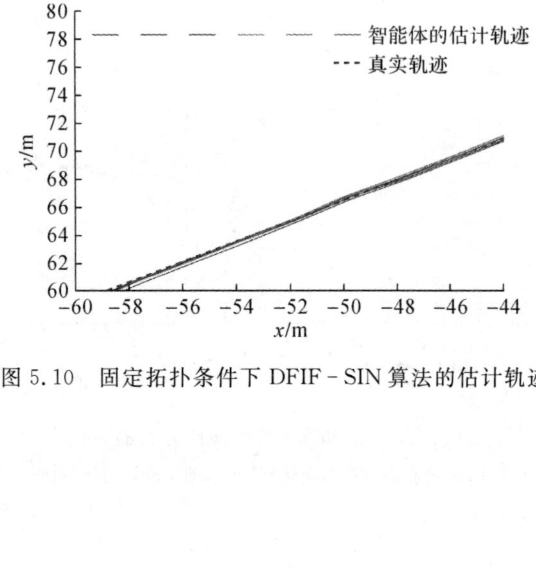

图 5.10　固定拓扑条件下 DFIF－SIN 算法的估计轨迹

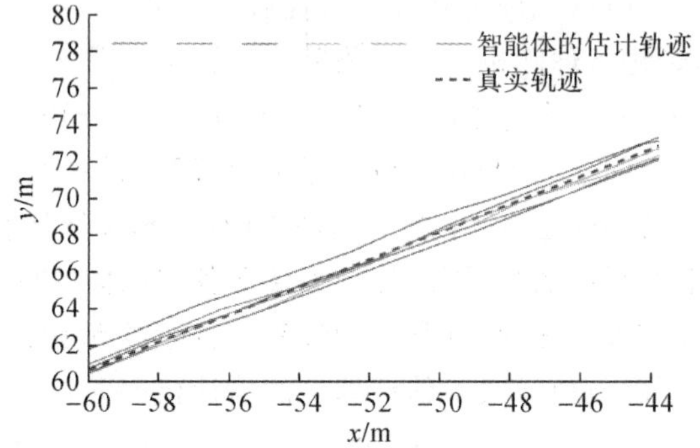

图 5.11　切换拓扑条件下 DFIF - SIN 算法的估计轨迹

图 5.12 和图 5.13 分别展示了智能体 1 对目标状态量中 $p_{x,k}$、$v_{x,k}$、$p_{y,k}$ 和 $v_{y,k}$ 的估计，图中实线分别表示估计集中可能性分布的 4 个特征点，虚线表示可能性分布的中心梯度(即对目标状态的最终估计)，不难发现，中心梯度总是在可能性分布的可能区域内。此外，从图中可以看出，随着时间的推移，梯形可能性分布的覆盖范围迅速缩小，估计集表示的可能区域宽度显著小于噪声模型和初始误差的可能区域宽度，这表明随着算法的递推，估计集的模糊性在减小。另外，梯形可能性分布的 4 个顶点的演化轨迹逐渐趋于平行，也就是说，随着时间的推移，可能区域的大小基本保持恒定，该结果满足了参考文献[106]中提出的"可能区域的大小需保持一致"的要求。由于其他智能体对目标状态估计的可能性分布的演变与图 5.12 和图 5.13 类似，因此这里不再一一列举其他智能体的估计结果。

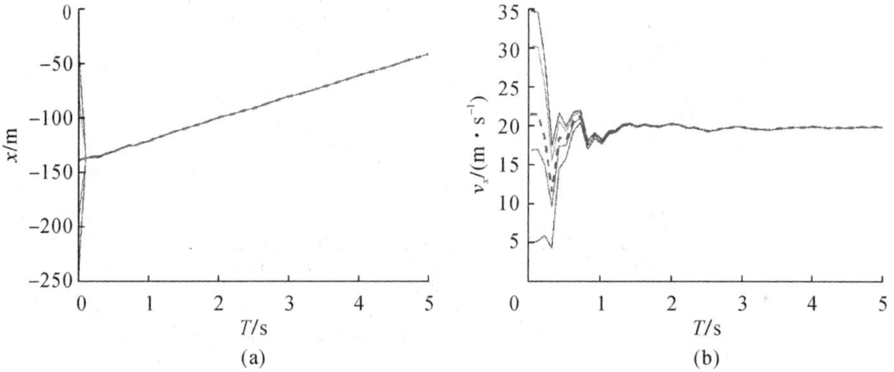

图 5.12　$\hat{p}_{x,k}$ 和 $\hat{v}_{x,k}$ 的可能性分布的演化

(a)$\hat{p}_{x,k}$ 的可能性分布的演化；(b)$\hat{v}_{x,k}$ 的可能性分布的演化

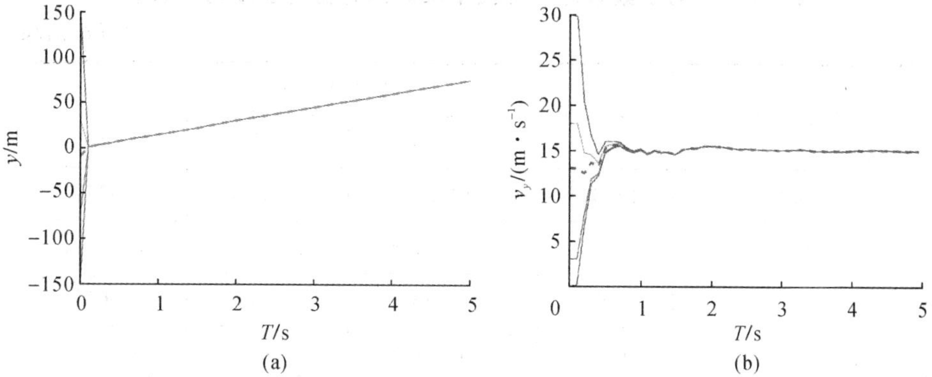

图 5.13　$\hat{p}_{y,k}$和$\hat{v}_{y,k}$的可能性分布的演化

(a)$\hat{p}_{y,k}$的可能性分布的演化；(b)$\hat{v}_{y,k}$的可能性分布的演化

随机生成量测噪声和过程噪声，经过 $N_{\text{ment}}=200$ 次蒙特卡洛试验对本章提出的 DFIF－SIN 算法进行验证，重点分析通信链路连通概率 $P_r(e_{i,k}\in\mathcal{E})$和目标量测丢失概率 $P_r(b_i(k)=0)$对算法性能的影响。和前述章节一致，本小节仍采用均方误差(MSE)来评价滤波器的跟踪性能，在 MSE 指标的基础上，这里定义全局 MSE 如下：

$$\text{MSE}_k=\frac{1}{N_{\text{ment}}}\sum_{j=1}^{N_{\text{ment}}}\frac{1}{N}\sum_{i=1}^{n}(\tilde{x}_{i,k}^{j}-x_k)^{\text{T}}(\tilde{x}_{i,k}^{j}-x_k)\tag{5.47}$$

其中：$\tilde{x}_{i,k}^{j}$表示第 j 次蒙特卡洛仿真中 k 时刻智能体 i 的状态估计的中心梯度。表 5.2 和表 5.3 分别给出了不同通信链路连通概率 $P_r(e_{i,k}\in\mathcal{E})$和目标量测丢失概率 $P_r(b_i(k)=0)$下 DFIF－SIN 算法的全局位置均方误差和全局速度均方误差的对比结果。

表 5.2　不同参数条件下仿真结束时刻的全局位置均方误差

单位：m

$P_r(e_{i,k}\in\mathcal{E})$	$P_r(b_i(k)=0)$			
	0.9	0.6	0.3	0
0.1	67.655 6	12.947 0	2.265 6	0.187 2
0.4	41.489 2	6.235 4	0.506 2	0.154 5
0.7	14.459 6	2.483 9	0.236 1	0.106 5
1.0	2.046 8	1.210 4	0.109 7	0.088 4

表 5.3 不同参数条件下仿真结束时刻的全局速度均方误差

单位：m/s

$P_r(e_{i,k}\in\mathcal{E})$	$P_r(b_i(k)=0)$			
	0.9	0.6	0.3	0
0.1	21.455 3	10.123 2	1.610 4	0.079 5
0.4	14.372 6	6.146 8	0.457 6	0.077 9
0.7	4.667 1	2.988 5	0.201 3	0.065 6
1.0	1.771 3	1.056 8	0.102 9	0.060 9

从表中的结果可以看出，目标量测丢失概率 $P_r(b_i(k)=0)$ 比通信链路连通概率 $P_r(e_{i,k}\in\mathcal{E})$ 对算法精度的影响更大。这从侧面说明了，即使某个时刻的通信拓扑不是联通的，只要智能体能获得目标的信息，总能通过某个时间段内的有序出现路径，将量测信息传递给其他智能体，从而提高整个多智能体系统的估计精度。

5.6 本章小结

在分布式网络结构中，针对复杂环境对多智能体系统内通信链路的影响，以及智能体对目标观测的不确定性，本章首先建立了同时考虑通信拓扑和观测拓扑的切换拓扑模型，并研究了在指定时间段内拓扑结构的性质，以及其对信息传递的影响。然后，在 DFIF 算法的基础上考虑时变拓扑关系$\mathcal{G}(k)$，设计了一种切换拓扑条件下的分布式模糊信息融合滤波(DFIF－SIN)算法。不同于传统分布式算法要求通信拓扑每时每刻都是连通的，本章提出的 DFIF－SIN 算法仅要求在指定时间段内通信拓扑的并图是连通的。分析表明，本章提出的 DFIF－SIN 算法仅需 1 次通信便能保证在信息向量和信息矩阵上实现加权平均一致，同时还能保证估计结果的稳定性。最后，以一个目标跟踪问题为例验证了该算法的有效性。

第6章 结论与展望

本书以多智能体系统为研究对象，主要围绕不确定条件下的分布式滤波算法开展深入研究，重点解决实际系统中广泛存在的非线性、噪声统计参数未知、噪声模糊、通信拓扑切换等问题。

本书的贡献点总结如下：

(1)针对非线性系统，首先在贝叶斯框架下通过分解极大后验的全局指标函数，给出了一种极大后验分布式贝叶斯估计算法，并以此为基础，运用容积积分规则解决系统非线性问题，更重要的是，从信息论的角度根据 K-L 距离实现了后验概率密度函数一致性的计算，提出了一种基于 PDF 一致性的极大后验分布式容积卡尔曼滤波(DCKF)算法。不同于参考文献[125]，本书提出的算法仅需先验已知多智能体系统内的节点总数，而完全不依赖于图的最大节点度等其他信息。仿真结果表明，在固定通信拓扑、切换通信拓扑和弱观测条件下，本书提出的 DCKF 算法能实现对目标的精确稳定跟踪，并展现出了比 DEKF 算法和 DCIF 算法更高的收敛精度和更好的鲁棒性。

(2)针对噪声统计特性不确定的情形，研究了一种针对噪声方差未知的分布式自适应贝叶斯滤波器，采用变分贝叶斯方法逼近未知噪声方差和状态的联合后验分布。通过将全局证据下界分解，提出了一种分布式自适应贝叶斯滤波结构，在该结构下，利用指数分布族，给出了 VB-E 和 VB-M 步骤的详细说明。分析表明，噪声方差的估计可以由每个智能体局部获得，而全局状态估计则可以通过局部信息的加权一致平均来逼近。相比参考文献[140]中的随机变分推断方法，本书算法是其向分布式的扩展。进一步引入容积积分规则和信息滤波框架，提出了一种基于变分贝叶斯技术的分布式自适应容积信息滤波器(VB-DACIF)。同时，本书分析了 VB-DACIF 算法的计算复杂度，结果表明 VB-DACIF 算法的复杂度是状态维和测量维的立方关系，相比参考文献[102]中提出的集中式算法，本书提出的算法能极大地减少各个节点的计算消耗。

(3)针对环境中的不确定性,将过程噪声和量测噪声建模为模糊变量,采用可能性分布代替概率分布来表示其不确定性。此后,本书从模糊的角度重新定义了一致性,并提出了一种新颖的模糊信息融合(FIF)算法,保证了在分布式网络中,各个智能体能一致融合来自邻居节点的模糊的状态估计量。进一步,将 FIF 算法嵌入分布式估计问题中,提出了一种分布式模糊信息滤波(DFIF)算法。分析表明,不同于许多需要多次甚至无限次通信的分布式一致性算法,在与邻居进行有限通信的情况下,基于全局可观性和通信拓扑连通性的假设,本书提出的 DFIF 算法仅需 1 次通信便能保证估计结果的稳定性,并且不需要任何的全局参数。

(4)考虑复杂环境对多智能体系统内通信链路的影响,以及智能体对目标观测的不确定性,在分布式模糊状态估计问题的基础上,建立了同时考虑通信拓扑和观测拓扑的切换拓扑模型,并研究了在指定时间段内拓扑结构的性质,以及其对信息传递的影响。此后,在 DFIF 算法的基础上考虑时变拓扑关系 $\mathcal{G}(k)$,设计了一种切换拓扑条件下的分布式模糊信息融合滤波(DFIF - SIN)算法,不同于传统分布式算法要求通信拓扑每时每刻都是连通的假设,DFIF - SIN 算法仅要求在指定时间段内通信拓扑的并图是连通的。分析表明,DFIF - SIN 算法仅需 1 次通信便能保证在信息向量和信息矩阵上实现加权平均一致,同时还能保证估计结果的稳定性。最后,构建了一个具有极弱连通性和较差全局联合可观性的仿真验证场景,仿真结果说明了 DFIF - SIN 算法的有效性。

当下,分布式状态估计问题在导航、制导、通信网络和智能电网等实际应用中受到了广泛的关注,但复杂的应用环境,尤其是高强度的军事对抗环境中极易带来各种不确定性因素的影响,这使得理论研究成果难以向实际应用转换。本书所研究的内容仍然具有一定的局限性,因此仍需从以下几个方面开展深入的研究。

(1)考虑到在军事对抗环境中,敌方目标的情报信息往往难以获得(例如:敌方高超声速飞行器的运动模型并不能完全先验获得;导弹突防的过程中,敌方拦截弹的制导律难以准确获取),因此,针对目标动力学模型完全未知或部分参数未知的情形,如何实现对目标状态和模型参数的分布式估计,亟待解决。

(2)本书研究的噪声模糊问题中,摆脱了高斯噪声的局限性。由于所有模糊变量的更新都必须计算梯形概率分布的 4 个特征点,因此 DFIF 算法的计算负担比传统的概率方法要大。因此,在需要快速计算的情况下,例如在处理真正的大数据集时，DFIF 算法的应用将受到限制。在概率空间中，参考文献[47]从信息论的角度根据 K－L 距离实现了 PDF 一致性的计算，该算法在高斯线性条件下退化为分布式信息滤波算法。因此，在可能性空间中，从信息论的角度发展一种更快、更有效的具有普适性的模糊信息融合方法极具实用价值。

(3)本书研究的切换拓扑条件是由环境限制或应用场景变换等因素导致的被动切换，考虑到在多智能体网络中，能量的损耗主要集中在通信而非计算(距离 50 m 的两个节点之间的单次通信可能需要比 5 亿次浮点计算更多的能量[57])，为了节约信道资源以及节省通信所损耗的能量，一种基于事件驱动的主动切换拓扑的思想成为当前研究的热点。事件驱动的本质是通过预先设定触发条件，使得邻居节点之间仅在满足条件时才互相通信。参考文献[163]以量测信息作为事件驱动的条件，通过设计时变的滤波增益提出了一种基于事件驱动的分布式卡尔曼滤波算法，并给出了算法的估计误差上界。参考文献[164]则基于一致性准则设计了事件驱动的条件，并在无噪声情形下通过李雅普诺夫方法研究了基于一致性卡尔曼滤波算法的稳定性。然而，已有的切换拓扑条件下的分布式估计方法均基于无噪声条件或依赖于概率模型的噪声假设，鲜有针对模糊噪声的相关研究。因此，在分布式模糊状态估计问题的基础上，进一步探讨基于事件驱动的节能机制是一个有意义的问题。

参考文献

[1] CHOREN R, GRISS M, KUNG D, et al. Software engineering for large-scale multi-agent systems [M]. Portland: Springer, 2003: 28 - 38.

[2] STONE P, VELOSO M. Multiagent systems: a survey from a machine learning perspective [M]. Norwell: Kluwer Academic Publishers, 2000: 17 - 33.

[3] LEWIS T G. Network science: theory and applications[M]. Hoboken: John Wiley & Sons, 2011: 13 - 38.

[4] SIMON D. Kalman filtering with state constraints: a survey of linear and nonlinear algorithms[J]. IET Control Theory & Applications, 2010, 4(8): 1303 - 1318.

[5] BAR-SHALOM Y, CAMPO L. The effect of the common process noise on the two-sensor fused-track covariance[J]. IEEE Transactions on Aerospace and Electronic Systems, 1986(6): 803 - 805.

[6] KIM K H. Development of track to track fusion algorithms [C]// IEEE. Proceedings of 1994 American Control Conference. Baltimore: IEEE, 1994: 1037 - 1041.

[7] CARLSON N A. Federated square root filter for decentralized parallel processors [J]. IEEE Transactions on Aerospace and Electronic Systems, 1990, 26(3): 517 - 525.

[8] LI X R, ZHANG K S, ZHAO J, et al. Optimal linear estimation fusion: part V: relationships [C]//IEEE. Proceedings of the Fifth International Conference on Information Fusion. Annapolis: IEEE, 2002: 497 - 504.

[9] SUN S L, DENG Z L. Multi-sensor optimal information fusion Kalman filter[J]. Automatica, 2004, 40(6): 1017 - 1023.

[10] SUN S L. Multi-sensor optimal information fusion Kalman filter with application[J]. Aerospace Science and Technology, 2004, 8 (1):

57 - 62.

[11] SUN S L. Distributed optimal component fusion weighted by scalars for fixed-lag Kalman smoother[J]. Automatica, 2005, 41(12): 2153 - 2159.

[12] SUN S L. Multi-sensor information fusion white noise filter weighted by scalars based on Kalman predictor[J]. Automatica, 2004, 40(8): 1447 - 1453.

[13] DENG Z L, ZHANG P, QI W J, et al. The accuracy comparison of multisensor covariance intersection fuser and three weighting fusers [J]. Information Fusion, 2013, 14(2): 177 - 185.

[14] OLFATI-SABER R, SHAMMA J S. Consensus filters for sensor networks and distributed sensor fusion[C]//IEEE. Proceedings of the 44th IEEE Conference on Decision and Control, and the European Control Conference 2005. Seville: IEEE, 2005: 6698 - 6703.

[15] OLFATI-SABER R. Distributed Kalman filtering for sensor networks[C]//IEEE. Proceedings of the 46th IEEE Conference on Decision and Control. New Orleans: IEEE, 2007: 5492 - 5498.

[16] OLFATI-SABER R, FAX J A, MURRAY R M. Consensus and cooperation in networked multi-agent systems[J]. Proceedings of the IEEE, 2007, 95(1):215 - 233.

[17] OLFATI-SABER R. Kalman-consensus filter: optimality, stability, and performance[C]//IEEE. Joint 48th IEEE Conference on Decision and Control and 28th Chinese Control Conference. Shanghai: IEEE, 2009:7036 - 7042.

[18] KAMGARPOUR M, TOMLIN C. Convergence properties of a decentralized Kalman filter[C]//IEEE. Proceedings of the 47th IEEE Conference on Decision and Control. Cancun: IEEE, 2008: 3205 - 3210.

[19] XIAO L, BOYD S. Fast linear iterations for distributed averaging [J]. Systems & Control Letters, 2004, 53(1):65 - 78.

[20] XIAO L, BOYD S, LALL S. A scheme for robust distributed sensor fusion based on average consensus[C]//IEEE. Fourth International Symposium on Information Processing in Sensor Networks. Boise: IEEE, 2005: 63 - 70.

[21] CARLI R, CHIUSO A, SCHENATO L, et al. Distributed Kalman filtering based on consensus strategies[J]. IEEE Journal on Selected Areas in Communications, 2008, 26(4): 622-633.

[22] KAMAL A T, DING C, SONG B, et al. A generalized Kalman consensus filter for wide-area video networks[C]//IEEE. 2011 50th IEEE Conference on Decision and Control and European Control Conference. Orlando: IEEE, 2011: 7863-7869.

[23] UGRINOVSKII V. Conditions for detectability in distributed consensus-based observer networks[J]. IEEE Transactions on Automatic Control, 2013, 58(10): 2659-2664.

[24] MA K J, WU S C, WEI Y M, et al. Gossip-based distributed tracking in networks of heterogeneous agents[J]. IEEE Communications Letters, 2017, 21(4): 801-804.

[25] BOYD S, GHOSH A, PRABHAKAR B, et al. Randomized gossip algorithms[J]. IEEE Transactions on Information Theory, 2006, 52(6): 2508-2530.

[26] CATTIVELLI F S, LOPES C G, SAYED A H. Diffusion strategies for distributed Kalman filtering: formulation and performance analysis[C]//1st IAPR Workshop on Cognitive Information Processing. Santorini: European Association for Signal Processing, 2008: 36-41.

[27] HU J W, XIE L H, ZHANG C S. Diffusion Kalman filtering based on covariance intersection[J]. IEEE Transactions on Signal Processing, 2012, 60(2): 891-902.

[28] CHEN L J, ARAMBEL P O, MEHRA R K. Estimation under unknown correlation: covariance intersection revisited[J]. IEEE Transactions on Automatic Control, 2002, 47(11): 1879-1882.

[29] WANG S C, REN W. On the convergence conditions of distributed dynamic state estimation using sensor networks: a unified framework[J]. IEEE Transactions on Control Systems Technology, 2017, 26(4): 1300-1316.

[30] CATTIVELLI F, SAYED A H. Diffusion distributed Kalman filtering with adaptive weights[C]//IEEE. 2009 Conference Record

of the Forty-Third Asilomar Conference on Signals, Systems and Computers. Pacific Grove: IEEE, 2009: 908 - 912.

[31] CATTIVELLI F S, SAYED A H. Diffusion strategies for distributed Kalman filtering and smoothing[J]. IEEE Transactions on Automatic Control, 2010, 55(9): 2069 - 2084.

[32] KHALILI A, VAHIDPOUR V, RASTEGARNIA A, et al. Partial diffusion Kalman filter with adaptive combiners[J]. IEEE Transactions on Aerospace and Electronic Systems, 2021, 57(3): 1972 - 1980.

[33] WILLNER D, CHANG C B, DUNN K P. Kalman filter algorithms for a multi-sensor system[C]//IEEE. 1976 IEEE Conference on Decision and Control including the 15th Symposium on Adaptive Processes. Clearwater: IEEE, 1976: 570 - 574.

[34] ROECKER J A, MCGILLEM C D. Comparison of two-sensor tracking methods based on state vector fusion and measurement fusion[J]. IEEE Transactions on Aerospace and Electronic Systems, 1988, 24(4): 447 - 449.

[35] UHLMANN J K, JULIER S J, CSORBA M. Nondivergent simultaneous map building and localization using covariance intersection[C]//Navigation and Control Technologies for Unmanned Systems Ⅱ. Orlando: SPIE, 1997: 2 - 11.

[36] JULIER S J, UHLMANN J K. General decentralized data fusion with covariance intersection[J]. Handbook of Multisensor Data Fusion, 2001(1): 319 - 342.

[37] DENG Z L, ZHANG P, QI W J, et al. Sequential covariance intersection fusion Kalman filter[J]. Information Sciences, 2012, 189: 293 - 309.

[38] SIJS J, LAZAR M. State fusion with unknown correlation: ellipsoidal intersection[J]. Automatica, 2012, 48(8): 1874 - 1878.

[39] NOACK B, SIJS J, REINHARDT M, et al. Decentralized data fusion with inverse covariance intersection[J]. Automatica, 2017, 79: 35 - 41.

[40] DING D R, WANG Z D, DONG H L, et al. Distributed H_∞ state

estimation with stochastic parameters and nonlinearities through sensor networks: the finite-horizon case[J]. Automatica, 2012, 48(8): 1575-1585.

[41] DONG H L, WANG Z D, GAO H J. Distributed H_∞ filtering for a class of Markovian jump nonlinear time-delay systems over lossy sensor networks[J]. IEEE Transactions on Industrial Electronics, 2013, 60(10): 4665-4672.

[42] LIANG J L, WANG Z D, LIU X H. Distributed state estimation for discrete-time sensor networks with randomly varying nonlinearities and missing measurements[J]. IEEE Transactions on Neural Networks, 2011, 22(3): 486-496.

[43] OLFATI-SABER R. Distributed Kalman filter with embedded consensus filters[C]//IEEE. Proceedings of the 44th IEEE Conference on Decision and Control. Seville: IEEE, 2005: 8179-8184.

[44] HLINKA O, SLUČIAK O, HLAWATSCH F, et al. Distributed data fusion usingiterative covariance intersection[C]//IEEE. 2014 IEEE International Conference on Acoustics, Speech and Signal Processing (ICASSP). Florence: IEEE, 2014: 1861-1865.

[45] WEI G L, LI W Y, DING D R, et al. Stability analysis of covariance intersection-based Kalman consensus filtering for time-varying systems[J]. IEEE Transactions on Systems Man, and Cybernetics: Systems, 2020, 50(11): 4611-4622.

[46] HE X K, XUE W C, FANG H T. Consistent distributed state estimation with global observability over sensor network [J]. Automatica, 2018, 92: 162-172.

[47] BATTISTELLI G, CHISCI L. Kullback-Leibler average, consensus on probability densities, and distributed state estimation with guaranteed stability[J]. Automatica, 2014, 50(3): 707-718.

[48] KAMAL A T, FARRELL J A, ROY-CHOWDHURY A K. Information weighted consensus filters and their application in distributed camera networks[J]. IEEE Transactions on Automatic Control, 2013, 58(12): 3112-3125.

[49] KAR S, MOURA J M F. Gossip and distributed Kalman filtering:

weak consensus under weak detectability[J]. IEEE Transactions on Signal Processing, 2011, 59(4): 1766 - 1784.

[50] LI D, KAR S, MOURA J M F, et al. Distributed Kalman filtering over massive data sets: analysis through large deviations of random Riccati equations[J]. IEEE Transactions on Information Theory, 2015, 61(3): 1351 - 1372.

[51] QIN J H, WANG J, SHI L, et al. Randomized consensus-based distributed Kalman filtering over wireless sensor networks[J]. IEEE Transactions on Automatic Control, 2021, 66(8): 3794 - 3801.

[52] WAN C, GAO Y X, LI X R, et al. Distributed filtering over networks using greedy gossip[C]//IEEE. 2018 21st International Conference on Information Fusion (FUSION). Cambridge: IEEE, 2018: 1968 - 1975.

[53] TALEBI S P, KANNA S, XIA Y L, et al. Cost-effective diffusion Kalman filtering with implicit measurement exchanges[C]//IEEE. 2017 IEEE International Conference on Acoustics, Speech and Signal Processing (ICASSP). New Orleans: IEEE, 2017: 4411 - 4415.

[54] ZHANG Y G, WANG C C, LI N, et al. Diffusion Kalman filter based on local estimate exchanges[C]//IEEE. 2015 IEEE International Conference on Digital Signal Processing (DSP). New York: IEEE, 2015: 828 - 832.

[55] WANG G Q, LI N, ZHANG Y G. Diffusion distributed Kalman filter over sensor networks without exchanging raw measurements [J]. Signal Processing, 2017, 132: 1 - 7.

[56] BATTISTELLI G, CHISCI L, MUGNAI G, et al. Consensus-based linear and nonlinear filtering[J]. IEEE Transactions on Automatic Control, 2015, 60(5): 1410 - 1415.

[57] SENGUPTA S, DAS S, NASIR M D, et al. Multi-objective node deployment in WSNs: in search of an optimal trade-off among coverage, lifetime, energy consumption, and connectivity [J]. Engineering Applications of Artificial Intelligence, 2013, 26 (1): 405 - 416.

[58] LI T C, PRIETO J, FAN H Q, et al. A robust multi-sensor PHD

filter based on multi-sensor measurement clustering [J]. IEEE Communications Letters, 2018, 22(10): 2064 - 2067.

[59] LI C Y, DONG H N, LI J Q, et al. Distributed Kalman filtering for sensor network with balanced topology[J]. Systems & Control Letters, 2019, 131: 104500.

[60] YU Z J, WEI J M, LIU H T. A new adaptive maneuvering target tracking algorithm using artificial neural networks[C]//IEEE. 2008 IEEE International Joint Conference on Neural Networks (IEEE World Congress on Computational Intelligence). Hong Kong: IEEE, 2008: 901 - 905.

[61] 徐田来,游文虎,崔平远. 基于模糊自适应卡尔曼滤波的 INS/GPS 组合导航系统算法研究[J]. 宇航学报, 2005, 26(5): 571 - 575.

[62] 岳晓奎,袁建平. 区间卡尔曼滤波算法及其在载波相位组合导航中的应用[J]. 西北工业大学学报, 2005, 23(1): 6 - 10.

[63] JAZWINSKI A H. Stochastic processes and filtering theory[M]. Chelmsford: Courier Corporation, 2007: 16 - 30.

[64] JETTO L, LONGHI S, VITALI D. Localization of a wheeled mobile robot by sensor data fusion based on a fuzzy logic adapted Kalman filter[J]. Control Engineering Practice, 1999, 7(6): 763 - 771.

[65] SHEN X M, DENG L. Game theory approach to discrete H_∞ filter design[J]. IEEE Transactions on Signal Processing, 1997, 45(4): 1092 - 1095.

[66] UGRINOVSKII V. Distributed robust filtering with H_∞ consensus of estimates[J]. Automatica, 2011, 47(1): 1 - 13.

[67] NELSON T R, FREEMAN R A. Decentralized H_∞ filtering in a multi-agent system [C]//IEEE. 2009 American Control Conference. Saint Louis: IEEE, 2009: 5755 - 5760.

[68] ZHANG Q, ZHANG J F. Distributed parameter estimation over unreliable networks with Markovian switching topologies[J]. IEEE Transactions on Automatic Control, 2012, 57(10): 2545 - 2560.

[69] SHEN B, WANG Z D, HUNG Y S. Distributed H_∞-consensus filtering in sensor networks with multiple missing measurements: the finite-horizon case[J]. Automatica, 2010, 46 (10): 1682 - 1688.

[70] UGRINOVSKII V, FRIDMAN E. A round-robin type protocol for distributed estimation with H_∞ consensus[J]. Systems & Control Letters, 2014, 69: 103 - 110.

[71] SABOORI I, KHORASANI K. H_∞ consensus achievement of multi-agent systems with directed and switching topology networks[J]. IEEE Transactions on Automatic Control, 2014, 59(11): 3104 - 3109.

[72] 黄洪钟.对常规可靠性理论的批判性评述:兼论模糊可靠性理论的产生、发展及应用前景[J].机械设计,1994(3): 1 - 5.

[73] 董玉革.机械模糊可靠性设计[M].北京:机械工业出版社,2000: 41 - 65.

[74] ZADEH L A. Fuzzy sets as a basis for a theory of possibility[J]. Fuzzy Sets and Systems, 1999, 100(Suppl 1): 9 - 34.

[75] XIE W B, LIU B, BU L W, et al. A decoupling approach for observer-based controller design of T-S fuzzy system with unknown premise variables[J]. IEEE Transactions on Fuzzy Systems, 2021, 29(9): 2714 - 2725.

[76] ANGELOV P P, FILEV D P. An approach to online identification of Takagi-Sugeno fuzzy models[J]. IEEE Transactions on Systems, Man, and Cybernetics, Part B (Cybernetics), 2004, 34 (1): 484 - 498.

[77] LIU X X, GAO Z W, CHEN M Z Q. Takagi-Sugeno fuzzy model based fault estimation and signal compensation with application to wind turbines [J]. IEEE Transactions on Industrial Electronics, 2017, 64(7): 5678 - 5689.

[78] LONGO D, MUSCATO G, SACCO V. Localization using fuzzy and Kalman filtering data fusion[C]//Proceedings of the 5th International Conference on Climbing and Walking Robots and their Supporting Technologies (CLAWAR 2002). Paris: [s. n.],2002: 25 - 27.

[79] HERRERO-PÉREZ D, ALCARAZ-JIMENEZ J J, MARTÍNEZ-BARBERÁ H. Mobile robot localization using fuzzy segments[J]. International Journal of Advanced Robotic Systems, 2013, 10 (12): 406.

[80] CHEN S, CHEN C L. Probabilistic fuzzy system for uncertain

localization and map building of mobile robots[J]. IEEE Transactions on Instrumentation and Measurement, 2012, 61(6): 1546 - 1560.

[81] NEDIĆ A, OLSHEVSKY A. Distributed optimization over time-varying directed graphs[J]. IEEE Transactions on Automatic Control, 2015, 60(3): 601 - 615.

[82] NEDIĆ A, OLSHEVSKY A, SHI W. Achieving geometric convergence for distributed optimization over time-varying graphs[J]. SIAM Journal on Optimization, 2017, 27(4): 2597 - 2633.

[83] SHI G D, ANDERSON B D O, HELMKE U. Network flows that solve linear equations[J]. IEEE Transactions on Automatic Control, 2017, 62(6): 2659 - 2674.

[84] SHI G D, ANDERSON B D O, JOHANSSON K H. Consensus over random graph processes: network borel-cantelli lemmas for almost sure convergence[J]. IEEE Transactions on Information Theory, 2015, 61(10): 5690 - 5707.

[85] MATEI I, MARTINS N C, BARAS J S. Consensus problems with directed Markovian communication patterns[C]//IEEE. 2009 American Control Conference. Saint Louis: IEEE, 2009: 1298 - 1303.

[86] VIEGAS D, BATISTA P, OLIVEIRA P, et al. Distributed state estimation for linear multi-agent systems with time-varying measurement topology[J]. Automatica, 2015, 54: 72 - 79.

[87] ZHOU Z W, FANG H T, HONG Y G. Distributed estimation for moving target based on state-consensus strategy[J]. IEEE Transactions on Automatic Control, 2013, 58(8): 2096 - 2101.

[88] LONG H, QU Z H, FAN X P, et al. Distributed extended Kalman filter based on consensus filter for wireless sensor network[C]// IEEE. Proceedings of the 10th World Congress on Intelligent Control and Automation. Beijing: IEEE, 2012: 4315 - 4319.

[89] JULIER S J, UHLMANN J K. New extension of the Kalman filter to nonlinear systems[C]//Signal Processing, Sensor Fusion, and Target Recognition Ⅵ. Orlando: SPIE, 1997: 182 - 193.

[90] ARASARATNAM I, HAYKIN S. Cubature Kalman filters[J].

IEEE Transactions on Automatic Control, 2009, 54(6): 1254-1269.

[91] LI W L, JIA Y M. Consensus-based distributed multiple model UKF for jump Markov nonlinear systems [J]. IEEE Transactions on Automatic Control, 2012, 57(1): 230-236.

[92] LI W Y, WEI G L, HAN F, et al. Weighted average consensus-based unscented Kalman filtering[J]. IEEE Transactions on Cybernetics, 2016, 46(2): 558-567.

[93] ARASARATNAM I, HAYKIN S, HURD T R. Cubature Kalman filtering for continuous-discrete systems: theory and simulations[J]. IEEE Transactions on Signal Processing, 2010, 58(10): 4977-4993.

[94] BHUVANA V P, SCHRANZ M, HUEMER M, et al. Distributed object tracking based on cubature Kalman filter[C]//IEEE. 2013 Asilomar Conference on Signals, Systems and Computers. Pacific Grove: IEEE, 2013: 423-427.

[95] DING J L, XIAO J, ZHANG Y. Distributed algorithm-based CKF and its applications to target tracking[J]. Control and Decision, 2015, 30(2): 296-302.

[96] YU L, YOU H, HAIPENG W. Squared-root cubature information consensus filter for non-linear decentralised state estimation in sensor networks[J]. IET Radar, 2014, 8(8): 931-938.

[97] CHEN Y M, ZHAO Q J. A novel square-root cubature information weighted consensus filter algorithm for multi-target tracking in distributed camera networks[J]. Sensors, 2015, 15(5): 10526-10546.

[98] MOHAMED A H, SCHWARZ K P. Adaptive Kalman filtering for INS/GPS[J]. Journal of Geodesy, 1999, 73(4): 193-203.

[99] LI X R, BAR-SHALOM Y. A recursive multiple model approach to noise identification[J]. IEEE Transactions on Aerospace and Electronic Systems, 1994, 30(3): 671-684.

[100] KRUMMENAUER R, CAZAROTTO M, LOPES A, et al. Improving the threshold performance of maximum likelihood estimation of direction of arrival[J]. Signal Processing, 2010, 90(5): 1582-1590.

[101] SÄRKKÄ S, NUMMENMAA A. Recursive noise adaptive Kalman

filtering by variational Bayesian approximations[J]. IEEE Transactions on Automatic Control, 2009, 54(3): 596 - 600.

[102] DONG P, JING Z L, LEUNG H, et al. Variational Bayesian adaptive cubature information filter based on Wishart distribution [J]. IEEE Transactions on Automatic Control, 2017, 62(11): 6051 - 6057.

[103] AGAMENNONI G, NIETO J I, NEBOT E M. Approximate inference in state-space models with heavy-tailed noise[J]. IEEE Transactions on Signal Processing, 2012, 60(10): 5024 - 5037.

[104] SUN C J , ZHANG Y G, WANG G Q, et al. A new variational Bayesian adaptive extended Kalman filter for cooperative navigation [J]. Sensors, 2018, 18(8): 2538.

[105] 蒋薇. 基于随机模糊变量的递归贝叶斯估计方法研究[D]. 长沙:国防科技大学, 2017.

[106] MATÍA F, JIMÉNEZ V, ALVARADO B P, et al. The fuzzy Kalman filter: improving its implementation by reformulating uncertainty representation[J]. Fuzzy Sets and Systems, 2021, 402: 78 - 104.

[107] MATÍA F, AL-HADITHI B M, JIMÉNEZ A, et al. An affine fuzzy model with local and global interpretations[J]. Applied Soft Computing, 2011, 11(6): 4226 - 4235.

[108] MATÍA F, JIMÉNEZ A, AL-HADITHI B M, et al. The fuzzy Kalman filter: state estimation using possibilistic techniques[J]. Fuzzy Sets and Systems, 2006, 157(16): 2145 - 2170.

[109] THOMAS V, RAY A K. Fuzzy particle filter for video surveillance [J]. IEEE Transactions on Fuzzy Systems, 2011, 19(5): 937 - 945.

[110] CETISLI B, EDIZKAN R. Estimation of adaptive neuro-fuzzy inference system parameters with the expectation maximization algorithm and extended Kalman smoother[J]. Neural Computing and Applications, 2011, 20(3): 403 - 415.

[111] TATARI F, AKBARZADEH-T M R, SABAHI A. Fuzzy-probabilistic multi agent system for breast cancer risk assessment and insurance premium assignment[J]. Journal of Biomedical

Informatics, 2012, 45(6): 1021 - 1034.
[112] YE D F, LIN H S, YANG X J, et al. Spatial target localization using fuzzy square-root cubature Kalman filter[C]//IEEE. 2016 31st Youth Academic Annual Conference of Chinese Association of Automation (YAC). Wuhan: IEEE, 2016: 73 - 80.
[113] YANG X J, ZOU H X, LU F, et al. Passive location of the nonlinear systems with fuzzy uncertainty[J]. Simulation Modelling Practice and Theory, 2010, 18(3): 304 - 316.
[114] YANG X J, LIU G, GUO J K, et al. The robust passive location algorithm for maneuvering target tracking[J]. Mathematical Problems in Engineering, 2015, 2015(1):1 - 8.
[115] ZHOU Z J, HU C H, FAN H D, et al. Fault prediction of the nonlinear systems with uncertainty[J]. Simulation Modelling Practice and Theory, 2008, 16(6): 690 - 703.
[116] ZHOU Z J, HU C H, CHEN M Y, et al. An improved fuzzy Kalman filter for state estimation of non-linear systems[J]. International Journal of Systems Science, 2010, 41(5): 537 - 546.
[117] HONG Y G, HU J P, GAO L X. Tracking control for multi-agent consensus with an active leader and variable topology[J]. Automatica, 2006, 42(7): 1177 - 1182.
[118] HONG Y G, CHEN G R, BUSHNELL L. Distributed observers design for leader-following control of multi-agent networks[J]. Automatica, 2008, 44(3): 846 - 850.
[119] SUBBOTIN M V, SMITH R S. Design of distributed decentralized estimators for formations with fixed and stochastic communication topologies[J]. Automatica, 2009,45(11): 2491 - 2501.
[120] ZHOU Z W, HONG Y G, FANG H T. Distributed estimation for moving target under switching interconnection network[C]//2012 12th International Conference on Control Automation Robotics & Vision (ICARCV). Guangzhou: IEEE, 2012: 1818 - 1823.
[121] DENG Z L, ZHANG P, QI W J, et al. Sequential covariance intersection fusion Kalman filter[J]. Information Sciences, 2012, 189: 293 - 309.

[122] HE X K, HU C, HONG Y G, et al. Distributed Kalman filters with state equality constraints: time-based and event-triggered communications[J]. IEEE Transactions on Automatic Control, 2020, 65(1): 28 - 43.

[123] DAS S, MOURA J M F. Consensus+innovations distributed Kalman filter with optimized gains[J]. IEEE Transactions on Signal Processing, 2017, 65(2): 467 - 481.

[124] CABALLERO-ÁGUILA R, HERMOSO-CARAZO A, LINARES-PÉREZ J. Networked distributed fusion estimation under uncertain outputs with random transmission delays, packet losses and multi-packet processing[J]. Signal Processing, 2019, 156: 71 - 83.

[125] JIA B, PHAM K D, BLASCH E, et al. Cooperative space object tracking using space-based optical sensors via consensus-based filters [J]. IEEE Transactions on Aerospace and Electronic Systems, 2016, 52(4): 1908 - 1936.

[126] ITO K, XIONG K. Gaussian filters for nonlinear filtering problems [J]. IEEE Transactions on Automatic Control, 2000, 45(5): 910 - 927.

[127] JULIER S, UHLMANN J, DURRANT-WHYTE H F. A new method for the nonlinear transformation of means and covariances in filters and estimators[J]. IEEE Transactions on Automatic Control, 2000, 45(3): 477 - 482.

[128] JOHANSSON B, JOHANSSON M. Faster linear iterations for distributed averaging[J]. IFAC Proceedings Volumes, 2008, 41 (2): 2861 - 2866.

[129] BANERJEE A, GUO X, WANG H. On the optimality of conditional expectation as abregman predictor[J]. IEEE Transactions on Information Theory, 2005, 51(7): 2664 - 2669.

[130] CASELLA G, BERGER R. Statistical inference [M]. Boston: Cengage Learning, 2021: 64 - 126.

[131] BATTISTELLI G, CHISCI L, SELVI D. Distributed averaging of exponential-class densities with discrete-time event-triggered consensus[J]. IEEE Transactions on Control of Network Systems,

2018, 5(1): 359 - 369.

[132] 王志刚,施志佳. 远程火箭与卫星轨道力学基础[M]. 西安:西北工业大学出版社, 2006: 75 - 95.

[133] 李骏. 空间目标天基光学监视跟踪关键技术研究[D]. 长沙:国防科学技术大学, 2009.

[134] BATTISTELLI G, CHISCI L. Stability of consensus extended Kalman filter for distributed state estimation [J]. Automatica, 2016, 68: 169 - 178.

[135] LI W L, JIA Y M. Distributed consensus filtering for discrete-time nonlinear systems with non-Gaussian noise[J]. Signal Processing, 2012, 92(10): 2464 - 2470.

[136] HU C, LIN H S, LI Z H, et al. Kullback-Leibler divergence based distributed cubature Kalman filter and its application in cooperative space object tracking[J]. Entropy, 2018, 20(2): 116.

[137] HU C, QIN W W, HE B, et al. Distributed H_∞ estimation for moving target under switching multi-agent network[J]. Kybernetika, 2015, 51(5): 814 - 829.

[138] CASBEER D W, BEARD R. Distributed information filtering using consensus filters[C]//IEEE. 2009 American Control Conference. Saint Louis: IEEE, 2009: 1882 - 1887.

[139] GE Q B, XU D X, WEN C L. Cubature information filters with correlated noises and their applications in decentralized fusion[J]. Signal Processing, 2014, 94: 434 - 444.

[140] HOFFMAN M D, BLEI D M, WANG C, et al. Stochastic variational inference[J]. The Journal of Machine Learning Research, 2013, 14(1): 1303 - 1347.

[141] BEAL M J. Variational algorithms for approximate Bayesian inference[D]. London: University of London, 2003.

[142] WAINWRIGHT M J, JORDAN M I. Graphical models, exponential families, and variational inference[J]. Foundations and Trends in Machine Learning, 2008, 1(1/2): 1 - 305.

[143] KUSHNER H, YIN G G. Stochastic approximation and recursive algorithms and applications[M]. New York: Springer Science &

Business Media, 2003: 48 - 91.

[144] ARASARATNAM I. Sensor fusion with square-root cubature information filtering[J]. Intelligent Control and Automation, 2013, 4(1): 11 - 17.

[145] KARLSSON R, SCHON T, GUSTAFSSON F. Complexity analysis of the marginalized particle filter[J]. IEEE Transactions on Signal Processing, 2005, 53(11): 4408 - 4411.

[146] CHEN Q, WANG W C, YIN C, et al. Distributed cubature information filtering based on weighted average consensus [J]. Neurocomputing, 2017, 243: 115 - 124.

[147] LI X R, JILKOV V P. Survey of maneuvering target tracking. Part I: dynamic models[J]. IEEE Transactions on Aerospace and Electronic Systems, 2003, 39(4): 1333 - 1364.

[148] HU C, HU X M, HONG Y G. Distributed adaptive Kalman filter based on variational Bayesian technique[J]. Control Theory and Technology, 2019, 17(1): 37 - 47.

[149] HUA J H, LI C G. Distributed variational Bayesian algorithms over sensor networks [J]. IEEE Transactions on Signal Processing, 2016, 64(3): 783 - 798.

[150] OLFATI-SABER R. Distributed Kalman filtering and sensor fusion in sensor networks [C]//Proceedings of Networked Embedded Sensing and Control. Berlin: Springer, 2006: 15 - 167.

[151] DAS S, MOURA J M F. Distributed Kalman filtering with dynamic observations consensus[J]. IEEE Transactions on Signal Processing, 2015, 63(17): 4458 - 4473.

[152] YU D H, PARK W S. Combination and evaluation of expert opinions characterized in terms of fuzzy probabilities[J]. Annals of Nuclear Energy, 2000, 27(8): 713 - 726.

[153] BARDOSSY A, DUCKSTEIN L. Fuzzy rule-based modeling with applications to geophysical, biological, and engineering systems [M]. London: CRC Press, 1995: 63 - 79.

[154] MATÍA F, MARICHAL G N, JIMÉNEZ E. Fuzzy modeling and control: theory and applications[M]. Paris: Atlantis Press, 2014:

108 - 123.

[155] WANG A. Mechanical reliability design [M]. Beijing: Beijing Institute of Technology Press, 2015: 1852.

[156] MAURIS G. Possibility distributions: a unified representation of usual direct-probability-based parameter estimation methods [J]. International Journal of Approximate Reasoning, 2011, 52(9): 1232 - 1242.

[157] SERRURIER M, PRADE H. An informational distance for estimating the faithfulness of a possibility distribution, viewed as a family of probability distributions, with respect to data [J]. International Journal of Approximate Reasoning, 2013, 54(7): 919 - 933.

[158] JULIER S J, UHLMANN J K. A non-divergent estimation algorithm in the presence of unknown correlations [C]//IEEE. Proceedings of the American Control Conference. Albuquerque: IEEE, 1997: 2369 - 2373.

[159] NIEHSEN W. Information fusion based on fast covariance intersection filtering[C]//IEEE. Proceedings of the Fifth International Conference on Information Fusion. Annapolis: IEEE, 2002: 901 - 904.

[160] FRANKEN D, HUPPER A. Improved fast covariance intersection for distributed data fusion [C]//IEEE. 2005 7th International Conference on Information Fusion. Philadelphia: IEEE, 2005: 154 - 160.

[161] WANG Y M, LI X R. A fast and fault-tolerant convex combination fusion algorithm under unknown cross-correlation[C]//IEEE. 2009 12th International Conference on Information Fusion. Seattle: IEEE, 2009: 571 - 578.

[162] STANKOVIĆ S S, STANKOVIĆ M S, STIPANOVIĆ D M. Consensus based overlapping decentralized estimation with missing observations and communication faults[J]. Automatica, 2009, 45(6): 1397 - 1406.

[163] LIU Q Y, WANG Z D, HE X, et al. Event-based recursive

distributed filtering over wireless sensor networks[J]. IEEE Transactions on Automatic Control, 2015, 60(9): 2470 - 2475.

[164] MENG X Y, CHEN T W. Optimality and stability of event triggered consensus state estimation for wireless sensor networks [C]//IEEE. 2014 American Control Conference. Portland: IEEE, 2014: 3565 - 3570.